读客文化

生活中的化学

一个普通人的 24 小时生活

[意] 西尔瓦诺·富索　著

胡燕　译

浙江科学技术出版社·杭州

著作合同登记号 图字：11-2021-269号

© 2020 by Carocci editore, Roma
The simplified Chinese translation rights arranged through Rightol Media
（本书中文简体版权经由锐拓传媒取得 Email:copyright@rightol.com）

中文版权：© 2022读客文化股份有限公司
经授权，读客文化股份有限公司拥有本书的中文（简体）版权

图书在版编目（CIP）数据

生活中的化学 / (意) 西尔瓦诺·富索
(Silvano Fuso) 著 ; 胡燕译. — 杭州 : 浙江科学技术
出版社, 2022.3（2025.1重印）
ISBN 978-7-5341-8925-8

Ⅰ. ①生… Ⅱ. ①西… ②胡… Ⅲ. ①化学－普及读
物 Ⅳ. ①O6-49

中国版本图书馆CIP数据核字(2022)第015425号

书　　名　生活中的化学
著　　者　［意］西尔瓦诺·富索
译　　者　胡　燕

出　　版　浙江科学技术出版社　　　网　　址　www.zkpress.com
地　　址　杭州市拱墅区环城北路177号　联系电话　0571-85176593
邮政编码　310006　　　　　　　　　印　　刷　三河市中晟雅豪印务有限公司
发　　行　读客文化股份有限公司

开　　本　880mm×1230mm 1/32　　印　　张　10
字　　数　215 000
版　　次　2022年3月第1版　　　　　　印　　次　2025年1月第11次印刷
书　　号　ISBN 978-7-5341-8925-8　　定　　价　52.00元

责任编辑　卢晓梅　　责任校对　张　宁　　责任美编　金　晖　　责任印务　叶文炀

推荐序

卢西亚诺·卡利亚蒂

对我来说，成为化学家是一件必然的事：我的父母都是化学家，这意味着我从小就耳濡目染，接触这门科学。因此，化学也一直是我理解生活的关键。"包括思想在内的一切，都来自分子与分子的碰撞。"这是我生活中的一个基本衡量标准。我是个完全的唯物主义者吗？也许吧，但正是多年来对所发生的事情的反思与研究使我相信我就是。并且我所有的生活哲学也都符合这一点。这又可以解释为：每一种现象发生的基础就是物质的存在。不管发生的是什么事，你都能找到它与分子的联系。这带来了第一个不可避免的结果，即与所谓的人文主义文化发生冲突。例如我们来看看贝内德托·克罗齐（Benedetto Croce）是如何认为的："自然科学不过是伪概念的构建。正确地说，就是我们称之为经验主义或一切以某一事物为代表的那种形式的伪概念。"他还说："同样，自然进化观继承并取代了浪漫主义时代的自然哲学，而作为自然进化观的延续的人类历史则继承和取代了历史哲学；实证主义和自然主义的新史学建立起来了，它摧毁了一切鲜活、有力的真正的历史思想。"为了重申这一原则，他还提到（下面是关于他支持人类自然主义观的作品里的内容）：

> 现在人们在许多同类的著作中看到的序言，不仅不会活跃人的才智，反而会伤害人的心灵。心灵向历史索求人类斗争的崇高视角和道德热情作为新养分，但接受的却是人类奇妙的动物性和机械性起源的形象，并带着一种失望和沮丧，以及一种近乎羞耻的感觉，因为我们发现自己是这些祖先的后代，而且与他们在本质上相似，尽管文明的幻象和伪善就像他们一样残酷。

20世纪著名的遗传学家朱塞佩·蒙塔伦蒂（Giuseppe Montalenti）面对克罗齐的这番话，回答说："在意大利，贝内德托·克罗齐是反自然主义哲学最具代表性的人物，也是反进化论主义的代表。这种对自然科学的不理解所造成的罪恶是无法估量的，并且这种不理解在意大利社会中仍然存在。"

实际上，意大利是一个不科学，甚至是彻头彻尾的反科学国家。这就将我们的同胞分为了两派，即不科学派和反科学派。有读者会说，还算不错啊，有合理的意见分歧。但事实并非如此，或者说至少不仅如此。意大利的领导阶层一直都是以那些有学问的学者，即人文主义者为主。《被遗忘的革命》（*La rivoluzione dimenticata*）一书的作者卢西奥·鲁索（Lucio Russo）认为："意大利科学界的现状可以概括为两点，就是缺乏一个全国性的科学界和缺乏一个由科学家组成或与科学研究相关的管理阶层。"

完全缺乏科学方法意味着根本无法正确评估与我们有关的各种现象。

以环境事实为例，化学问题产生的最严重的后果之一就是导致了我们周围存在二噁英（dioxin），无论是母亲的乳汁中、焚烧炉产生的烟雾中还是其他东西之中都有它的身影。在人们的普遍印象中，二噁英是"绝对的恶魔"，但对于二噁英的排放量的问题却没有人提出。根据化工教授朱塞佩·利佐（Giuseppe Liuzzo）的研究，像阿切拉（Acerra）地区的一个焚烧炉所排放的二噁英的量相当于近10辆小型摩托车排放的量。因此，我们现在处于一种文化缺失的状态，或者说得好一点是文化失真的状态，一种偏重人文主义文化而忽视（我知道我用的是一种委婉的说法）科学文化的状态。这种不平衡的背后有多种因素，其中就包括缺少信息的传播。近年来，尽管科学信息传播工具（报纸、杂志、书籍、电视、电影）得到了一定的普及，但仍然缺少专门用于科普化学知识的工具。

也因此，欢迎大家阅读西尔瓦诺·富索（Silvano Fuso）的这部优秀著作。书中他向我们解释了人与化学的关系所涉及的基本概念。就像开始普通的一天那样，这本书也是从闹钟开始。可以说，从讨厌的闹铃声响开始一直到深夜，如此与生活贴近的讲述方式，即使是那些不想了解化学的人也会被这本书吸引，并且不得不承认化学存在于万事万物中，无论是我们谈到天体物理学还是可口可乐或牛排，都少不了它。作者并不缺乏幽默感，而幽默感对于对付大量反进步人士的发呆走神越来越不可或缺。通过阅读，那些门外汉读者会学习到一些基本知识，使他们能够进入化学这个对文化人来说很重要的话题。与此同时，专家学者也可以将本书当作自己知识的补充。总的来说，这本书填补了化学知识普及的一个空白。

现实与传说：崇高的
自然科学如何被妖魔化

几年前，意大利某知名腌肉品牌发布了一条摩泰台拉香肠（mortadella，一种粗大的香肠）的广告片[1]：一个蜘蛛侠打扮的男人在高楼之间来回跳跃，趁着饭点潜入厨房。一进去他就一件一件地脱掉蜘蛛侠服装，此时还配着画外音："不要防腐剂，不要着色剂，不要化学添加剂。"当脱得几乎只剩下内裤的他准备偷吃摩泰台拉香肠三明治时，他被自己的妻子（或女友）吓了一跳。妻子（我们假定她是妻子）问道："亲爱的，你干什么呢？"这个蜘蛛侠则傻乎乎地答非所问："好吃！"然后，广告继续赞美了摩泰台拉香肠的优点，并以这句不容辩驳的口号结束："零化学成分，100%纯天然。"

从营销的角度来看，这句口号可能是有效的，但从科学的角度，尤其是从化学的角度来看，就显得十分愚蠢。因此，这则广告引发一些对食品问题特别关注的化学家的评论也不是没有道理的[2]。

"100%纯天然"的表述就很奇怪：也许在大自然中就能找到已经生产并包装好了的摩泰台拉香肠？但事实上摩泰台拉香肠是在罗马帝国时期发明的，其历史可以追溯到公元1世纪。因此，人类食用这种香肠显得自然而然，但那些被运往香肠工厂的可怜的猪就不会同意了。

　　但除了摩泰台拉香肠是否纯天然的问题，更无厘头的是"零化学成分"的说法。它想说明什么呢？说明香肠中没有物质、没有分子吗？难道香肠中的"天然"成分不是化学物质？这不禁让人想到化学家卢西亚诺·卡利亚蒂（Luciano Caglioti，生于1933年）在其1979年出版的一部著作的导言中写的话："科学在社会中扮演着文化和技术的双重角色。化学也不例外：它是最大的科学分支之一，我们认真想想的话，似乎万物皆包含化学。每一个生命行为，每一个生产过程，每一种材料都涉及化学物质的变化。"[3]

　　如果说"万物皆包含化学"，"每一个生产过程"都涉及化学物质的变化，那么很明显，即使是意大利知名企业的摩泰台拉香肠也不可能例外。因此，这个广告中的口号是真的毫无意义。

　　在后面的内容中，我会向大家说明"万物皆包含化学"的说法是正确的，但现在我想请大家注意另一个方面，也就是打着"零化学成分"的口号吸引消费者购买产品，其实是向大家暗示了化学是一个完全具有负面影响的东西。如果化学被认为是有益的，那么所谓的"不含化学成分"就不会被宣扬为产品的优点。

　　近年来，化学被人们赋予了负面含义。"化学的"已经成为"有危害的""有毒的""大自然的敌人""反生态学的"

等一系列形容词的代名词。而这种认知已经变得非常普遍，人们甚至还创造出了一个新词，即化学恐惧症（chemofobia或chemiofobia），也就是"当人们听到'化学物质'和'化工业'这些词时，可以观察到他们会不由自主地表现出厌恶"[4]。

化学恐惧症在全世界都很普遍，但在意大利却是根深蒂固。根据欧盟委员会（European Commission）2010年进行的一项调查[5]，只有22%的受访欧洲公民将"化学产品"与"有用"一词联系起来。而在意大利，这一比例下降到9%。有68%的欧洲人和67%的意大利人想到"化学产品"时，脑海中就会出现"危险"一词，只有4%的欧洲人和意大利人会想到"天然"这一词。但情况并不总是这样。

第一次世界大战后，意大利人民的生活条件极为艰苦。在当时还是以农业为主的意大利社会中，人们的平均寿命不超过60岁，婴儿的死亡率也非常高。1951年11月4日，意大利进行了第十次人口普查（也是意大利建立共和国之后的第一次），同时还进行了住房普查。从收集的数据来看，每1000户人家中只有7户有带自来水的浴室，有100万人仍然住在棚屋、山洞或小木屋里。当然，能拥有汽车更是极少数人的特权。后来，工业化使意大利人民的生活条件得到了巨大的改善，而化学的应用在其中起了关键的作用。从马格拉（Marghera）到普里奥洛（Priolo）的石油化工厂，再到许多其他化工公司，化工业的诞生极大地促进了意大利的经济发展。

意大利很快就在石油化工领域取得了领先地位，人们从石油中不仅可以得到燃料，还可以获得油漆、化肥、抗寄生虫药、洗涤剂、橡胶和其他数百种产品。意大利人民很快就适应了快速的工业化进程，他们的收入迅速增加，失业率下降，生活条件提高到了以前不可想象的水平。在那时，工业和化学被视为进步的象征，很少有人抱怨工业化带来的污染、环境破坏和过度的建造。其他国家也是同样的情况。也就是说，那些今天对人类健康和环境产生危害的东西，曾经被我们视为发展和繁荣的象征。例如，在一张旧的苏联宣传海报上写着："烟囱里冒出的烟是苏维埃俄国的呼吸。"

20世纪60年代，意大利迎来了化学真正的辉煌时刻。米兰理工学院（Politecnico di Milano）的居里奥·纳塔（Giulio Natta，1903—1979）研究出了一种新的聚丙烯［polypropylene，莫普纶（Moplen）是聚丙烯的产品商品名］合成方法。纳塔也因此获得了诺贝尔化学奖。该方法的发现也给每个市民带来了一场日常生活的革命。在那之前，工厂用于生产物品的材料都十分昂贵，因此只有少数人能使用得起此类商品，而发现了聚丙烯的合成方法之后，这类产品就变得人手可得。继聚丙烯塑料之后，又出现了影响人们社会生活的合成纺织纤维，以及可能根除广泛传播的疾病的新药。所有这些都有助于进一步提高意大利人的生活水平，他们终于可以考虑如何花钱、如何在空闲时间里放松自己。要是在几年前，这些想法根本就不存在，因为那时候他们既没有钱也没有空闲时间。

然而，这种化工热潮注定会衰退。1962年，由生物学家蕾切尔·卡逊（Rachel Carson，1907—1964）撰写的《寂静的春天》（*Silent Spring*）一书在美国出版，该书也于次年在意大利翻译出版[6]。书中斥责了DDT（滴滴涕，化学名为双对氯苯基三氯乙烷，

Dichlorodiphenyltrichloroethane）以及其他杀虫剂的使用带来的危害。在此之前，这些杀虫剂还被视为人类强大的盟友（DDT消灭了疟疾的传播媒介，即疟蚊[7]，使数百万人免于疟疾[8]的感染）。尽管这本书的内容在科学上未必严谨[9]，但还是引起了很大的反响。最早的环保主义运动也开始在意大利蔓延。1972年，罗马俱乐部（译者注：罗马俱乐部是一个讨论政治问题的全球智囊组织）起草了一份名为《增长的极限》（*il Rapporto sui limiti dello sviluppo*）的报告，该报告对世界人口的增长和随之而来的资源开采的增加可能带来的后果发出了警告。但直到大约20世纪70年代中期，化学恐惧症才真正开始在社会中扎根。

1976年7月10日，在塞维索（Seveso，距米兰22千米）边界的梅达（Meda），瑞士ICMESA化工厂内，由于控制系统故障，用于生产三氯苯酚（Trichlorophenol）的反应釜温度和压力过高，这导致了大量2,3,7,8-四氯代二苯-并-对二噁英（2,3,7,8-tetrachlorodibenzo-*p*-dioxin，简称TCDD，俗称二噁英）的产生和释放。有毒的云团随风飘散，污染了多个市镇，包括梅达、塞维索、切萨诺马代尔诺（Cesano Maderno）和代西奥（Desio），约有240人出现呼吸道问题，并得了氯痤疮（chloracne）——一种因接触氯及其某些衍生物而引起的皮疹。

除了实际损失（往往估计过高），塞维索事件对民众情绪上的影响也是巨大的。化工业开始被视为一种威胁，而不再是美好生活和财富的载体。就连业内人士也非常惊讶。化学的超常和飞速发展使人们忽略了可能的风险，以及最重要的对这些风险的管理。

塞维索事件也凸显了严重的立法缺陷。自1982年以来，欧洲指令一直敦促成员国采取共同预防工业风险的政策，因此人们将欧洲指令命名为"塞维索指令"也并不是偶然。化工业不得不更加关注其生产过程对环境的影响。化学专家也开始反思这门学科。1979年，前面所提到的卢西亚诺·卡利亚蒂出版了《化学的两面性：益处与风险》（*I due volti della chimica. Benefici e rischi*）一书。该书探讨了化学带来的巨大优势，以及与化学技术应用和工业应用相关的不可避免的风险。

1987年，美国化学家乔治·哈蒙德（George S. Hammond，1921—2005）在一篇文章中谈到了化学的三个方面[10]。第一个方面是作为纯粹科学的化学，旨在理解和认识物质转化的规律。第二个方面是应用化学，它为人类提供了特别的工具，以满足人类对食物、衣服、制成品、药品和其他改善生存所必需的数千种资源的需求。第三个方面是有害化学，它不仅产生毒物，还污染环境，引发疾病，甚至可用来生产可怕的大规模杀伤性武器。

普遍存在的化学恐惧症使大多数人一听到化学就只想到化学的第三个方面，而完全忘记了化学的另外两个方面。

1984年12月3日，又发生了一起可怕的事件，使这一观念更加深入人心。在印度博帕尔市（Bhopal），美国跨国企业联合碳化物公司下属的印度有限公司（UCIL）的农药厂在凌晨发生了一起事故，造成40吨异氰酸甲酯（Methyl isocyanate，MIC）泄漏。这是有史以来最严重的工业事故。没人知道到底有多少受害者。据估计，短短几天内就有7000～10 000人死亡，在随后的几年里，可能还会有数千人失去生命。异氰酸甲酯是一种挥发性很强的液体，有一种特有的熟白菜的味道。它本身没有毒性，但与水反应后会产生异氰酸（Isocyanic acid），是一种有剧毒的化合物。刚好事故发生的那个不幸的夜晚下起了雨，反应产生的异氰酸导致数千人死于肺气肿，对民众和环境都造成了非常严重的影响。

但是，面对博帕尔这类事故，怪罪化学，希望它从我们的生活中消失有意义吗？我们直接的情绪反应可能会觉得是有意义的。但问题的答案是用头脑去寻找而不是用脚趾头。如果分析博帕尔事故（以及包括塞维索在内的其他类似事件）的起因，我们就会发现并不是化学造成了此类事故，而是那些管理工厂的人的疏忽和不谨慎造成的。这家工厂早在一段时间前就快要被废弃了，而且这家早该被关闭的工厂还缺乏最基本的安全装置。因此，要求从我们的生活中消除化学，就像是因为一些心不在焉、粗心大意的父母没能阻止孩子玩火柴烧掉房子，就决定要消灭火柴一样。

工业社会不可避免地会产生一些问题，有时甚至是极其复杂的问题。但正如化学家普里莫·莱维（Primo Levi，1919—1987）在卡利亚蒂的书的序言中所写的那样：

> 最好、最重要的是把我们面前的众多严重的技术性问题从情感和利益中抽离出来，带着诚意用自己的能力去揭露它们。
>
> ……有一些难题，不是靠喊万岁或者抗议，也不是靠游行或示威来解决的，而是靠人类理性和对人类理性的信任，因为没有其他适合此问题的方法[11]。

在这本书中除了刚刚的叙述，我不会再讨论哈蒙德概述的化学的第三个方面。这并不是我认为与化学应用有关的风险可以忽略不计。就像其他任何人类活动一样，风险是存在的（"零风险"仅仅是一个理想化词语）。问题是关于化学这方面的讨论已经很多了，尽管那些谈论的人往往不具备必要的化学知识。这看似微不足道，但一定要记住，必须具备化学知识才能合理处理化学应用中出现的问题（污染问题、对环境和人的健康的影响等问题）。许多化学家都很重视这些问题，并寻找有效的解决办法。然而，他们的声音却很少能传到公众耳朵里。主导公众舆论的反而是那些没有丝毫准备就高喊万岁或高喊反对和组织游行示威的人的声音，他们还同时营造出恐惧化学的氛围。尽管这些人通常是出于善意（但并不总是如此），但他们也是受到完全没有根据的意识形态的煽动。例如，最明显的一种观念就是：一切自然的东西都是好的，而一切化学的东西都是有害的。对于这一点要记住，人类已知的毒性最强的毒药是在自然界中发现的，而不是由化学家合成的。即使是作为可怕疾病的来源的病毒和细菌，也完全是天然的。

在本书中，我会论述化学的前两个方面：一是化学是一门崇高的自然科学，能够揭示自然界最深层的秘密；二是化学是人类不可替代的盟友，它为提高生活质量做出了巨大贡献。

我会以一种特别的方式，也就是按照一个生活在我们这个时代社会中的普通人的一天来论述。从早晨醒来到晚上入睡，讲述一个普通人一天24小时生活中的化学（选择主人公的性别为男性只是因为我是男性，并非性别歧视）。

通过这种叙述方法，我会向大家说明化学是如何渗透到我们生活的方方面面。这既是因为人们自愿将化学引进生活，也是因为化学是事物本质上固有的属性，从我们自己作为生命体开始就是了。当然，书中的话题完全是随意选择的，难免会有自己的主观意见。其实，书中所谈到的那些只是我们生活中由化学主导的许多方面的一部分。我本来也可以选择许多其他读者很容易能想到的话题。

在后面的内容中，我尽量避免出现教学的态度。因为这本书的目的并不是要教给读者化学知识，而仅仅是想让读者更好地了解什么是化学。我还希望这本书能唤起读者的好奇心，希望他们能摆脱愚昧，用一种超越表象的目光来观察我们周围的事物。如果我成功地达成了这一目标，哪怕是达到了一部分，我也会很满意。那些想要深入探讨书中某些话题的读者，会看到书中有许多小篇幅的拓展内容，但也只是一些十分简单的论述。因此那些有求知欲的读者们（我衷心希望有那么些人），可以按照参考书目学习。书后面的词汇表也会使阅读更加容易。关于教学，我们还应该注意到的是：通常，学校的化学课教得并不好，许多学生对这门课没什么印象。化学教学的问题是多方面的，这里我们不谈这个。我只想强调一个事实，那就是在意大利的学校里，化学课很少是由专门的化学老师教授的。常常是很荒谬地由毕业于其他专业（生物学等自然科学）的老师来教授，因此不可避免地出现很多问题（这也不是他们的错）。他们对这门学科的认识很有限，因为他们往往也是糟糕教学的受害者，因而这种糟糕的教学形式就这样反复下去。

在写作的过程中，我对一小段题外话很感兴趣，那就是化学的历史。我认为了解某些思想是如何产生的是非常有用的。科学成就从来都不是凭空而来的，它们的背后是一条漫长的道路，由个人和（或）集体的努力、天才般的直觉、尝试、错误、成功和失败组成。

化学的整个历史很迷人。严谨准确的现代物质科学的根源，也在那个融入了魔法、神秘哲学和玄学的炼金术（Alchemy）理论中。但是"化学作为一个明智懂事的女儿，因为有一个古怪、失常的母亲，它不得不表明自己的不开心"[12]，法国化学家皮埃尔·约瑟夫·马克勒（Pierre-Joseph Macquer，1718—1784）写道。而且，正如我们在狄德罗（Diderot）和达朗贝尔（D'Alembert）的《百科全书》（*Enciclopedia*）中"化学"（第三卷）条目下读到的那样："许多古代化学家都是真正的化学家，但要在卓越的艺术（第一代科学先驱的神圣艺术）中掌握真正的化学是非常困难的。"

尽管如此，化学还是成功摆脱了它奇妙的起源，并为我们提供了一个合理又连贯的物质现象框架。为了做到这一点，它不得不放弃最初的原则，以谦逊的态度和探索的精神，将注意力转向简单的日常事物。这本书中所使用的叙述策略是为了再次提出这种方法，引起读者对我们每天看到的事物的关注。我承认我是受到了一个前人的事例的启发。1859年年底至1860年年初，英国伟大的化学家和物理学家迈克尔·法拉第（Michael Faraday，1791—1867）在伦敦皇家研究院（Royal Institution）举办了一系列主要针对少年儿童的科普讲座，即所谓的圣诞科学讲座。讲座的内容随后被出版成书，书名为《蜡烛的化学史》（*The Chemical History of a Candle*）[13]。法拉第以蜡烛这种看似平淡无奇的东西为出发点，用一种人人都能接受的简单语言，成功地传播了他那个时代已知的许多化学知识。正如他本人在讲座开场时所说：

> 其实世界各部分的规律没有一个不是在这种现象中体现出来的。而要进入自然科学领域，没有比研究蜡烛燃烧的化学现象更好、更有效的方法了。我希望我没有让你们失望，我选择了这个话题，而没有选择一个更新颖的话题。当然，新的话题不可能会比蜡烛更好，也很难会有那么好。

就我自己而言，我也希望读者不会对我在书中选择的话题感到失望。

祝您阅读愉快！

我衷心感谢马可·恰尔迪（Marco Ciardi）、乔治·多布里利亚（Giorgio Dobrilla）、斯特凡诺·奥斯（Stefano Oss）和我的妻子伊莲妮（Irene），感谢他们阅读我的手稿，并为我的作品提供了宝贵的意见与建议，为我提供信息和分享他们的看法。当然，文章内容上的任何疏忽和不准确都是我的责任。最后特别感谢卢西亚诺·卡利亚蒂教授为这本书写序言。谨以此书献给达尼洛（Danilo），希望他不要讨厌化学。

目　录

第二章　午　餐

第五章　晚　上

第一章

早　晨

1.1 起 床

● 闹 钟

"哔哔，哔哔，哔哔……"闹钟无情地履行着它每天的职责。现在是早上六点半，该起床了。你下意识地伸出手去关掉这烦人的闹铃声。轻轻一按，又重回安静的早晨。如果能在床上多躺一会儿就好了，可惜你得起床啦。

床头柜上那个像恶魔一样可怕的闹钟是姨妈送给你的，多年来它一直默默地履行着自己的使命。它总是沉默，直到那设定的时刻到来，那时，它会竭尽全力叫你起床。执行这讨厌的任务，它不需要其他什么，只要每隔一段时间更换电池就行。这其实是一个石英闹钟，坦白地说，你应该从来没想过石英和闹钟计时有什么关系，更不用说在大早上的这个点儿去想这个问题。你也几乎不知道石英是什么，但也许多了解一下这个讨厌的装置的工作原理，会让你不那么讨厌它。

● 石英晶体

从化学角度来看，石英被称为硅石，因为它的主要成分是二氧化硅（SiO_2）。它是整个地壳中储量非常丰富的一种物质（约占地壳体积的12%）。"**石英（quarz）**"这个名称似乎源于一个翻译错误。有一篇拉丁文写道，有些岩石在德国用术语"querz erz"（字面意思是"穿过岩石的矿物"）来表示。1550年，威尼斯印刷商米歇尔·特拉梅佐诺（Michele Tramezzino）在翻译该文本时，将"querz erz"誊写成了"quarz"。这个词随后也传到了其他语言中。

二氧化硅是许多沉积岩的主要成分，其中最为大家熟知的肯定就是由微小的二氧化硅晶体组成的沙子了。二氧化硅也可以形成一种尺寸比较大的晶体，也就是石英。石英有多种类型，根据所含杂质的不同，会呈现出不同的颜色。其中珠宝店里比较有名，受人喜欢的一类石英是紫水晶，又名"阿梅蒂斯塔（Ametista）"。紫水晶这个名字源于希腊神话，而这个故事也非常值得我们去了解。

阿梅蒂斯塔是一个仙女，也就是希腊神话中的一个小神灵。这些小神灵主要是一些年轻的少女，她们是宙斯（Zeus）或乌拉诺斯（Urano）的女儿。阿梅蒂斯塔的美丽使完全处于醉酒状态下的酒神巴克斯（Bacco）失去了理智。为了得到她，他开始追求阿梅蒂斯塔。为了躲避酒神的追求，阿梅蒂斯塔向狩猎女神、处女的守护神狄安娜（Diana）求助。女神见阿梅蒂斯塔陷入危险，就将她变成了一块水晶石。之后酒神将一杯葡萄酒倒在上面，水晶石便呈现出具有代表性的紫罗兰色。根据这个传说，从此之后紫水晶就有了让人饮酒不醉的功效。在一些富裕的古罗马人中，流行在喝葡萄酒之前，将一颗紫水晶浸入酒杯中，而后再饮用。但很少有人能维持这种奢侈的习惯，紫水晶因此也就成了权力的象征。天主教的主教使用紫水晶戒指也是顺应了这一传统。

● 压电效应

能让石英晶体带动指针运动，使你讨厌的闹钟工作起来的是它的**压电特性**（piezoelectricity）。很多材料都具有压电性，可以产生压电效应（piezoelectric effect）。其原理就是：如果晶体受到的外力引起晶体机械变形，它便会产生电位差，称为**正压电效应**（direct piezoelectric effect）；反之向晶体外部施加电压，便会引起晶体机械变形，称为**逆压电效应**（inverse piezoelectric effect）或**李普曼效应**（Lippmann effect）。

正压电效应是1880年左右由法国物理学家居里兄弟，也就是皮埃尔·居里（Pierre Curie，1859—1906）和哥哥雅克·居里（Paul-Jacques Curie，1856—1941）两人发现的。皮埃尔·居里是著名的玛丽·斯可罗多夫斯卡（Maria Skłodowska，居里夫人，1867—1934）的丈夫，而雅克·居里也是一位杰出的化学家和矿物学家。逆压电效应则由法国物理学家加布里埃尔·李普曼（Gabriel Lippmann，1845—1921）首次从理论上进行了预测，并在几年后由居里兄弟通过实验证实。

晶体要表现出压电的特性，就必须不具有对称中心。这意味着它的组成粒子（原子、分子或离子）必须在所谓的**晶胞**（unit cell），也就是晶体的最小单位内不对称排列，从其重复排列中形成完整的晶体。这种不对称性意味着晶体的变形会引起电荷的不同分布，从而产生电极化。研究表明，从变形的发生到产生电位差的瞬间，平均只需要1×10^{-8}秒，也就是一亿分之一秒的时间。

石英钟表，包括你的闹钟，就是利用了逆压电效应这一原理。由电池供电的电路会产生交流电压，对石英晶体施加该电压，晶体就会产生相同频率的机械振动，这是一种强制振荡机制。当电压的频率足以在晶体中产生驻波时，振幅就会达到最大。在这些条件下，我们说晶体处于共振状态，其相对的频率取决于晶体的几何性质。而这个频率值是非常稳定的，因此可以非常精确地测量时间的推移。通常，在常见的石英钟表中，我们运用的并不是基本共振频率，而是一种谐波，其频率值一般设定为32 768赫兹。这就意味着石英在一秒钟内振动了32 768次，或者换句话说，在晶体振荡这么多次数之后，正好就经过了一秒钟。在32 768次振荡后，设计电路会向一个微小的机芯发出电脉冲信号，推动相应的指针前进一秒（闹钟也是此原理）。如果钟表上有日历的话，则由一个齿轮系统来调节分轮、时轮和拨日轮的转动。

如果是数字闹钟的话，电脉冲会被发送至显示器，从而使显示器上的时间前进一秒。复杂的电路不仅推动着分、时、日的前进，还调节着现在数字手表所具备的所有其他功能（秒表、计时器、时区、闹钟等）。

闹钟和数字手表现在已经非常普遍，我们已经习惯了看它们有数字的显示屏。但你有没有想过显示屏是什么原理呢？显示屏有下面的两种类型。

● LED显示器

在老式的数字手表中，数字通常显示为明亮的红色或绿色。这就是所谓的LED（Light Emitting Diode），即发光二极管。二极管是一种特殊的电路元件，由两个半导体构成的PN结组成。半导体是指导电性能介于金属（优良的导电体）与绝缘体之间的材料。对于金属来说，其电导率会随着温度的升高而减小，而半导体则相反。典型的半导体材料有**硅**（Si）和**锗**（Ge）。

半导体的特性归因于其特殊的电子结构。由瑞士物理学家费利克斯·布洛赫（Felix Bloch，1905—1983）提出的一个固体物理学理论——**能带理论**表明，区分金属、半导体和绝缘体的是一个特殊的参数，即**能隙**（energy gap）[1]。能隙表示所谓的**价带**（valence band）和**导带**（conduction band）之间的能量差。价带和导带代表了由固体结构内电子占据的**能级**（energy level）组成的**能带**（energy band）。金属的能隙为零（当价带和导带相邻时）甚至为负（当价带和导带交叠时）。这使得电子可以自由地从价带进入导带，这也是其导电性好的原因。相反，绝缘体的能隙很大，电子不能从价带跃迁至导带。半导体的能隙介于金属和绝缘体之间，这就说明半导体的电导率虽然不为零，但绝对是低于金属的（图1）。

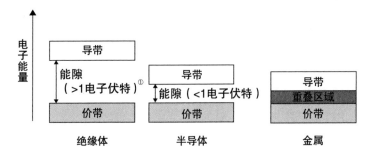

图1　绝缘体、半导体和金属的电子能带示意图

对于半导体，如果温度升高，电子就会获得更多的能量，这就增加了部分电子跃迁至导带的可能性，从而增加物体的电导率。另外，半导体还有一个重要的特点：如果在它们的晶体结构中掺入少量其他元素作为杂质，半导体的导电性能就会大大增加。这个过程在技术上称为**掺杂**（doping）。如果作为杂质引入的外来元素相比于原来的半导体有一个多余的电子（如硅类半导体中掺入磷元素），则称为**N型掺杂**（N-type doping），因为半导体中引入了带负电荷的电子。反之，如果引入的外来元素缺少一个电子（比如掺入硼元素），则称为**P型掺杂**（P-type doping）。这是因为缺少带负电荷的电子，就相当于引入了正电荷。

这个由于缺少电子而表现出正电性的空位被称为**电子空穴**（electron hole）。如果把一个P型半导体和一个N型半导体连接起来，就会得到一个**PN结**（PN junction），即**二极管**。这种结具有

① 电子伏特（eV）为能量单位，$1eV = 1.60 \times 10^{-19}J$（焦耳）。——编者注

单向导电性，也就是只允许电流向一个方向流动。而电流通常是指电荷的定向移动。在固体导体中，移动的电荷一般是电子。在PN结中，电子只能从N型区流向P型区，而不能反过来。如果将PN结二极管插入交流电路（以一定频率周期性改变电流方向的电路）中，只有当电流方向"正确"时，电流才会流通，反之则不会通过。最终，交流电流将转化为**脉冲电流**（pulse current）。如果再加上其他器件（如电容器），就可以获得与直流电（电流的方向始终不变）非常相似的电流。因此，二极管主要应用于电流整流器（rectifier）中，将交流电转换成直流电。我们日常普遍使用的各种设备（手机、平板电脑、笔记本等）的充电器就是由整流器和变压器（改变电压）组合而成的。

LED是一种特殊的PN结二极管，由一层薄薄的半导体材料组成。在LED中，电流的通过决定了导带中的电子与价带中的空穴的结合。这种结合在可见光范围内以电磁辐射的形式释放能量。因此，LED是一种将电能转化为光能的电-光换能器。1962年，美国电气工程师和发明家尼克·何伦亚克（Nick Holonyak Jr，出生于1928年）发明了第一种发光二极管，为半导体技术做出了很大贡献。

在老式的数字手表中（也包括在老式计算器和其他设备中），数字的显示由一个七段式显示器来完成，显示器中的发光二极管通常会发出红光或绿光，从而显示出数字。

LED发出的光（与辐射频率有关）的颜色取决于电子与空穴复合时释放出的能量的不同，这种不同又取决于构成半导体的材料。最常用的LED材料有砷化镓（GaAs）、磷化镓（GaP）、磷砷化镓（GaAsP）、碳化硅（SiC）和铟镓氮（GaInN）。

非常有意思的是，LED也可以反过来工作。如果被适当频率的光辐射，LED其实可以像光电模块一样，吸收辐射并产生电能。这种功能可应用于不同的设备中，如距离传感器、颜色传感器、触觉传感器等。

● 液晶显示器

不过，如今大多数数字手表都不再使用LED显示器了，而是使用LCD，也就是**液晶显示器**（Liquid Crystal Display）。其主要优点是功耗低，因此，如果电子设备由电池供电的话，液晶显示器会让设备的续航能力更强。

这里向大家简单介绍一下什么是液晶[2]。在晶体中，组成粒子（原子、离子或分子）按照一定的几何形状在空间中有序排列，而这个几何形状就决定了晶体特定的对称性。其结构的对称性会使晶体在不同的方向上具有不同的物理性质（如电学性质、光学性质或机械性质）。这种特性被称为晶体的**各向异性**（anisotropy）。当固体熔化时，其几何秩序和对称性一般会被破坏，得到的液体会呈现出完美的**各向同性**，即在各个方向上呈现出相同的性质。液晶是一种特殊的物质，与其他物质不同，它不能直接从固态变为液态，但它可以产生同时具有固态和液态特征的**中间相**（intermediate phase），从而保持一定的各向异性。

1888年，奥地利植物学家和化学家弗里德里希·莱尼兹

（Friedrich Reinitzer，1857—1927）发现了具有这种特性的物质。在研究一种特殊的物质——**胆固醇苯甲酸酯**（Cholesteryl benzoate）时，他观察到，在加热到145℃后，这种物质熔解为混浊状的液体，但随着温度的升高，液体逐渐变得透明，直到在178.5℃的温度下又呈现出原始的颜色。在冷却下来时，液体又呈现出一种接近蓝色的颜色并最终结晶变回固体。莱尼兹对这个独特的现象很感兴趣，于是向德国物理学家奥托·雷曼（Otto Lehmann，1855—1922）请教。雷曼用偏光显微镜研究该物质，并在一篇题为《论可流动的晶体》（*On Flowing Crystals*）（发表于《物理化学杂志》，*Zeitschrift für Physikalische Chemie*）的文章中说明了他的研究结果，而这篇文章也成为现代液晶科学的"基石"。"液晶"这一概念由雷曼提出，这位德国科学家是第一个尝试对这些材料的独特现象进行解释的人。液晶与一般液体不同，它保持着一定的分子组织。正常液体中存在大量的微观无序现象，而液晶则表现出一定程度的有序性。且这种排列次序是可以通过调节温度、施加电场或磁场来改变的。

能通过温度的变化而形成**液晶相**（liquid crystalline phase）的物质称为**热致液晶**。溶液中通过浓度变化而形成液晶相的物质则称为**溶致液晶**（lyotropic liquid crystal）。

若某种物质想要表现得像液晶一样，它就必须具有某些特性分子。首先，分子必须具有很强的各向异性。比如细长呈棒状的分子会构成**棒形分子液晶**（rodic liquid crystal）。如果分子扁平、薄且呈盘状，则可得到**盘形分子液晶**（discotic liquid crystal）。

其次，这些分子还必须能进行一些分子间的相互作用。这些相互作用保证了即使在液体状态下物质也能产生一定的有序性和各向异性。

　　根据分子排列次序的不同也可以将热致液晶分为不同的类型（图2）。所谓**向列相**（nematic phase）液晶，其特征是分子质心位置是无序的，但分子取向是有序的，沿某一从优方向取向。在**胆甾相**（cholesteric phase）液晶中，分子间的相互作用使相邻两层的分子排列方向保持一定的角度错位，分子的取向在整个空间中不是恒定的，而是遵循一种螺旋式结构。**近晶相**（smectic phase）液晶的特点是具有较高的秩序性，除了具有从优取向方向，分子还排列成层状结构。

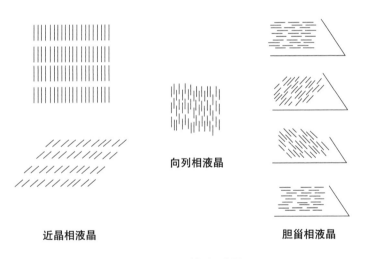

向列相液晶

近晶相液晶

胆甾相液晶

图2　液晶分子排列示意图

　　正如我们所说，液晶内部分子的有序程度对外部应力，如电场产生的应力作用非常敏感。从外部施加的电场可以诱导分子沿着一个方向移动。这种方向取向可以改变材料的光学特性，尤其是可能会使该材料对**偏振光**（polarized light）照射的反应有所不同。偏振光（见本章第3节）由在某一优先平面（**偏振面，plane of polarization**）中振荡的电磁波组成，这与在无固定方向平面中发生振荡的普通光不同。只有当偏振光的偏振面与晶体分子的取向方向一致时，偏振光才能穿过液晶（此时液晶呈透明状态）。相反，如果它们的方向垂直，光就不能通过，晶体就不透明。液晶显示器的原理就是利用了这一特点。电路（如闹钟中的电路）将信号发送至电极，以改变封闭在两片透明玻璃之间的液晶分子的方向。这个方向决定了偏振光是否能通过，并使相应的显示元素（**像素，pixel**）呈现出亮或暗的状态，如果是闹钟的话，这样就构成了闹钟上表示时间的数字。另外，根据光线的来源也可以将显示屏分为多种类型：如果光线是来自屏幕背面，则为**透射式液晶显示屏**（transmissive screen）；如果是利用环境中的光线，通过放置在屏幕背面的镜子反射出来，则为**反射式液晶显示屏**（reflective screen）。在某些情况下，上面两种情况兼有，就有了所谓的**透反式液晶显示屏**（transreflective screen）。

如前面所述，液晶分子的排列次序也可以取决于温度（如热致性液晶）。特别是在胆甾相液晶中，它特有的螺旋结构的螺距就与温度的高低有关。螺距的大小与可见光的波长相当。因此，随着温度的变化，液晶会选择性地反射光线。实际上温度的不同还会使液晶发生颜色变化，这使得液晶可以当作温度计应用于各个领域。

职责所在得上班呀。你得离开舒适的被窝，迎接漫长的一天啦！再看一眼你的闹钟。你绝对想象不到吧，这个看似简单，我们又再熟悉不过的日常用品中竟然包含了这么多的知识，这都是科学家们潜心研究的成果啊！

拓展：原子、分子和原子结构

也许在25个世纪之前，在神海之滨，诗人的吟唱声刚刚消逝的地方，已经有哲学家教导我们，不断变化的物质是由不断运动且不可被摧毁的颗粒，也就是原子组成的。在命运的安排下，在世纪长河里，原子聚集，形成我们所熟悉的形态以及我们的身体[3]。

伟大的法国化学家和物理学家让·巴蒂斯特·佩兰（Jean-Baptiste Perrin，1870—1942）就是用这样几句诗意的话语，概述了思想史上首次诞生原子观念的环境。留基伯（Leucippo di Mileto）和德谟克利特（Democrito di Abdera，约公元前5—前4世纪）是这一观点的创始人，他们认为物质是由微观且不可分割的粒子组成的。"原子（atomo）"一词来源于希腊语ἄτομος（àtomos），意为"不可分割"。"不可分割"的含义则来自其单词的组成字母：ἀ表示"不"，是希腊语的第一个字母；τόμος（tómos）表示"分割，碎片"。

原子论观点被伊壁鸠鲁（Epicuro，公元前341—前270）采用，而关于他对原子论的想法，我们可以在一部拉丁文学杰作，提图斯·卢克莱修·卡鲁斯（Tito Lucrezio Caro，公元前98—前55）的《物性论》（*De rerum natura*）中找到清楚详尽的阐述。

原子学说早在古代就有许多反对者，其中影响力最大的就是亚里士多德（约公元前384—前322）。他对西方思想的影响使原子论观点在很多个世纪都不被支持和接受。但原子观念从来都没有消失过，它偶尔还会被不同时期的学者重新提出来。

一直到17世纪，原子论都在哲学家的讨论范畴。随着科学思想的诞生及其与哲学思想的逐步分化，关于原子是否存在的争论引起了自然科学家的注意[4]。弗朗西斯科·培根（Francesco Bacone）、丹尼尔·塞内特（Daniel Sennert）、约阿希姆·容吉乌斯（Joachim Jungius）、罗伯特·波义耳（Robert Boyle）、尼古拉斯·雷姆利（Nicolas Lémery）、艾萨克·牛顿（Isaac Newton）、米哈伊尔·瓦西里耶维奇·罗蒙诺索夫（Michail V. Lomonosov）、鲁格罗·朱塞佩·博斯科维奇（Ruggero G. Boscovich）和丹尼尔·伯努利（Daniele Bernoulli）等人就在他们的作品中经常提到原子或者类似的想法。

17世纪到18世纪，化学取得了飞速的发展。安托万·洛朗·拉瓦锡（Antoine-Laurent Lavoisier，1743—1794）对此做出了重要贡献（见第三章第2节）。到了19世纪初，元素、化合物、混合物和化学反应的概念已经得到了清楚的解释。此外，对气体的研究和重量定律[①]（legge ponderale）的发现，表明了物质状态的

---

① 包括拉瓦锡的质量守恒定律、普鲁斯特（Joseph-Louis Proust）的定比定律和道尔顿（John Dalton，1766—1844）的倍比定律。——译者注（如无特殊说明，均为译者注）

特殊规律性。因此这些逐步被收集起来的实验数据和原子理论等待着一个天才的想法将它们联系起来，而这个想法就诞生在英国化学家和物理学家约翰·道尔顿①的头脑中。

道尔顿首先利用原子假说对气体的一些状态进行合理的解释。后来他又尝试运用他的假说来说明化合物的形成机制。各种不同元素的原子结合在一起形成一个"**复杂原子（compound atom）**"，而复杂原子的质量就等于所含的各种元素原子质量之和。有了这些假设，道尔顿对普鲁斯特的定比定律和拉瓦锡的质量守恒定律给出了正确的解释。此外，他还成功计算出许多元素的原子质量与氢原子质量（相对原子质量）的比值。在他假设的基础上，道尔顿从理论上预测出了另一个重量定律的存在：也就是他通过实验证明的倍比定律。

1808年，道尔顿发表了《化学哲学新体系》（*New System of Chemical Philosophy*）的第一册，他在书中概述了原子理论的特点。他又于1810年和1827年分别出版了该书的后两册，进一步完善了该理论。尽管道尔顿的实验观测都很合理，但他的理论还是遭到了很多人的反对。包括法国的克劳德·路易斯·贝托莱（Claude-Louis Berthollet，1748—1822）在内的权威化学家提出了各种批评，特别是不同意道尔顿关于原子绝对不可分割的观点（对于这一点，今天我们知道那些化学家是对的）。而且，"原子"这个词"吓"到这么多人，是因为它还带有形而上学的意味。但不管怎么说，随着时间的推移，原子理论已经成为理解化

---

① "色盲（daltonismo）"一词即从他的名字而来，他本人患有色盲症。

学物质组合的通用参考模型。

在当时的化学界，新的原子理论推动了一系列的科学研究，引入了一些现代化学最重要的概念。除此之外，它还在化学语言中引入了化学符号、化学式和化学方程式的使用。道尔顿本人是第一个采用常规符号系统来表示元素的人。道尔顿的符号系统虽然没有被广泛采用，却影响到了永斯·雅各布·贝采利乌斯（Jöns Jacob Berzelius，1779—1848）。他在1813年发表了一个更完善的元素符号系统，与我们现在使用的元素符号系统几乎一样。后来人们发现道尔顿计算出的相对原子质量是不准确的。这也是因为当时的分析方法存在局限性，在没有其他人反对的情况下，根据道尔顿提出的原子假说，复杂原子所含的元素原子的比例为1∶1。这种"最简原则"使道尔顿认为：水的化学式是HO（而不是H_2O），氨气的化学式是NH（而不是NH_3），甲烷的化学式是CH（而不是CH_4），等等。

约瑟夫·路易·盖–吕萨克（Joseph-Louis Gay-Lussac，1778—1850），贝托雷的学生，后在巴黎综合理工学院（École Polytechnique）[5]任安东万·弗朗索瓦（Antoine-François, comte de Fourcroy，1755—1809）的助手。他在1808年发表了一条关于气体的定律（盖–吕萨克定律），对相互反应的气体元素的状态进行了说明。盖–吕萨克观察到，参加反应的各种气体的体积总是呈简单的整数比。虽然道尔顿的原子理论在用重量定律解释时很合理，但盖–吕萨克得到的这些比值却与他的假说预测的并不一致。

都灵的阿梅代奥·阿伏加德罗（Lorenzo Romano Amedeo Carlo Avogadro conte di Quaregna e di Cerreto，1776—1856）成功地

解决了这一难题[6]。在学习了哲学和法律之后，阿伏加德罗致力于自然科学的研究。他曾在维切利皇家学院担任物理学教授，后在都灵大学担任物理学教授一职。

　　阿伏加德罗在1811年用一个看似简单、但实际上非常天才的理论成功地解决了盖-吕萨克定律的棘手问题（盖-吕萨克与道尔顿的实验结果不一致的问题）。他假设在相同的温度和压强下，相同体积的任何气体所含的分子数目相同。这个假说今天被称为"阿伏加德罗定律"。在此定律下，气体体积之比与气体所含的分子数目之比有直接的比例关系。因此我们就可以在某些时候用相互作用的分子数目之比来解释参加反应的气体体积的比例。此外，阿伏加德罗还将道尔顿的原子理论解释为一种数学模型，而非物理模型。在这种想法下，他承认气体元素中相互作用的分子可以分割为更多的基本粒子。今天我们知道，盖-吕萨克所认为的气体元素并不像道尔顿所认为的那样由单个原子构成，而是由一对一对相连的原子，也就是**双原子分子**（diatomic molecules，"分子melecola"一词来源于拉丁语moles，意为"少量"）构成。因此阿伏加德罗的想法是正确的。

　　构成阿伏加德罗分子理论的简单假说不仅能够有效地解释盖-吕萨克的实验数据，同时还修正了道尔顿理论存在的问题，使他的原子理论更加完善。正如阿伏加德罗自己所说："当不同气体以简单的整数体积比进行反应时，就相当于以同样的分子数目比进行反应，因此说分子数目比和体积比是相等的。"他还说："由气体的质量与体积之比可以得到密度，因此气体的密度与分子的质量成正比。"后面这句话暗示，我们可以用一种实用的方法，即气体密度法，来测定气态下各种物质的相对分子和原子质量。以克为单位表示的分子量现在我们用**摩尔**（mole）来表示，1mol任何物质中含有的微粒数称为"阿伏加德罗常数"（Avogadro constant），其值约为6.022×10^{23}（1908年由让·巴蒂斯特·佩兰首次提出）。

阿伏加德罗的分子论花了50年的时间才最终在化学界站稳脚跟。1860年9月3日至5日，在卡尔斯鲁厄（Karlsruhe）举行了第一次国际化学会议（The International Chemistry Conference）。化学家斯坦尼斯劳·坎尼扎罗（Stanislao Cannizzaro，1826—1910）是热那亚大学的教授，他在会议上明确表示："考虑到分子是物质进入化学反应时的最小粒子，也是保持物质化学性质的最小粒子，而原子是化合物分子组成的最小粒子，建议对分子和原子采用不同的概念。"

原子和分子理论在今天代表了一种稳定的思想，是所有物理化学科学的基础。当然不仅有双原子分子，还有由数千个原子组成的更复杂的**大分子**（macromolecule）。"我们所说的分子是指相同或不同原子的最小集合体，能够独立存在，并具有分子构成的物质的所有化学和物理性质"，阿伏加德罗这句对分子的定义至今仍有意义。

今天，通过一些特殊的技术，如**扫描隧道显微镜**（Scanning Tunneling Microscope）或**场离子显微镜**（Field Ion Microscope），我们甚至能够用肉眼看到原子和分子，并且能够估计它们的大小。我们知道原子的数量级是10^{-8}厘米（一亿分之一厘米）。尽管"原子"一词的词源含义（不可分割）一直保留着，但19世纪末到20世纪初进行的一系列研究也使我们认识到原子是由其他更小的粒子组成的。

在同一时期，威廉·克鲁克斯（William Crookes，1832—1919）和约瑟夫·约翰·汤姆森（Joseph John Thomson，1856—1940）的研究（见第四章第2节），让人们发现了电子。电子是构成原子的最小粒子，带负电荷。1909年，新西兰籍的物理学家欧内斯特·卢瑟福（Ernest Rutherford，1871—1937）发现原子中含有一个**原子核**，也就是一个很小的带有正电荷的中心区域，并且集中了原子的大部分质量。而原子核又由另外两种粒子构成：带正电荷的质子和不带电荷的中子。起初，卢瑟福认为电子是围绕着原子核运转的，就像行星围绕太阳一样，即**原子行星模型**（modello planetario dell'atomo）。实际上事情要复杂得多。**量子力学**（Quantum Mechanics）是20世纪前30年发展起来的一个物理学分支，它表明对于电子等微观粒子来说，再谈论轨道概念已经没有意义了。事实上，微观粒子的行为与波相似，所以我们无法在空间中对粒子定位，但定位又是描述它们的轨迹所必需的。因此量子力学用概率的方式来描述电子在原子核周围的运动。我们可以通过**轨函**（orbital）做到这一点，轨函实质上是一个数学函数，可以逐点计算空间中发现电子的概率。量子力学还能为每个原子轨道计算出相关的能量。由此我们发现，每个原子轨道上的电子的能量值不是任意的，只能是彼此不同的一些确定的（非连续的）值：这些能量值被称为**能级**。图3为两种原子轨道示意图。

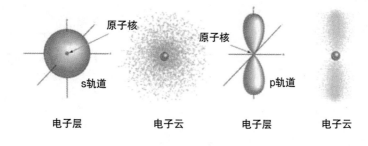

原子核
s轨道
p轨道
原子核

电子层　　　　　　电子云　　　　　　电子层　　　　　　电子云

图3　两种原子轨道示意图

　　虽然这些描述很抽象，而且也看不见，但可以解释原子所有
明显的特性。因此，轨函的应用在现代化学中至关重要。通过对
原子的电子构型（electronic configuration，即原子中的电子在各个
轨道上的分布）的认识，可以解释元素的所有化学性质。门捷列
夫（Mendeleev）的元素周期表上可以找到关于电子构型的完美解
释。例如，属于同一族（同一竖列）的元素有相似的化学性质是
因为它们的外部电子构型几乎一样。因此，稀有气体（或称惰性
气体：氦、氖、氩、氪、氙、氡和氮）之所以具有化学惰性，是因
为它们的电子构型非常稳定。所有其他（非惰性）元素都倾向于
改变其构型，以使其像稀有气体一样有稳定的结构，这就是它们
会结合形成分子的原因。我们将在下一节专门讨论化学键（见第
一章第2节）。

1.2 洗 漱

● 香皂和清洁剂

起床真的好难啊，但闹钟一响只得遵命起床了。在黑暗中摇摇晃晃（不开灯以避免影响你的妻子和孩子）如行尸走肉一般走向浴室。进去关上门，打开灯。你仍然睡眼惺忪，需要几秒钟才能清楚地感知周围的环境。灯光刺激着你，帮助你清醒。在解决完迫切的生理需求后，你进入浴室隔间：新的一天从舒服的淋浴开始。在完全淋湿了身体之后，你得做决定了，妻子在小架子上准备了肥皂、沐浴露、洗发水和护发素。平时你不会特别关注各类产品之间的区别，但今天早上不知道为什么，你突然想知道它们之间有什么实质性的区别。

先说说肥皂吧[7]。"肥皂"一词表示长链羧酸的钠（Na）盐或钾（K）盐。长链羧酸是由与氢原子连接的碳链组成的化合物，其末端是所谓的**羧基**（carboxyl），因此它的名字中就有了"羧酸"这个词。羧基由一个碳原子、一个氧原子和一个**羟基**（hydroxyl，由一个氧原子和一个氢原子相连组成的基团）连接组成，其中碳原子以双键连接氧原子，以单键连接羟基。羟基呈酸性，因为羟基中的氢可以作为阳离子（cation）脱离，因此它的位置可以被金属离子，如钠离子和钾离子取代。当这种情况发生时，就会形成相应的盐，即肥皂［盐化的羧基称为**羧酸盐**（carboxylate）］。钠肥皂一般是固体状，而钾肥皂是液体状。图4所示为钠皂的分子结构。

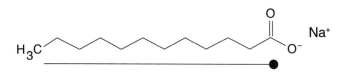

图4　钠皂的分子结构

肥皂中常见的羧酸有**月桂酸**（lauric acid）、**豆蔻酸**（myristic acid）、**棕榈酸**（palmitic acid）、**硬脂酸**（stearic acid）、**油酸**（oleic acid）、**亚油酸**（linoleic acid）和**亚麻酸**（linolenic acid）。通过其中一些酸的名字，我们很容易猜到这些酸存在于哪些植物中，比如月桂、棕榈、橄榄、亚麻籽等。它们以**甘油酯**（glyceride）的形式存在于植物中。甘油酯是由脂肪酸与**甘油**（即**丙三醇**）结合而成的分子［属于**油脂**或**类脂**（lipid）类］。甘油是一种三元醇，也就是由3个碳原子（连接有氢原子）和3个羟基连接组成的分子，并且每个碳原子各连接着一个羟基。其中醇分子的每一个羟基的氢原子都可以和羧酸分子的羧基中的羟基通过特殊**酯键**（ester bond）结合。如果只有一个羟基被酯化，就称为**甘油单酯**（monoglyceride）；如果两个被酯化，就是**甘油二酯**（diglyceride）；如果三个都被酯化，就是**甘油三酯**（triglyceride）。除了上述植物，甘油酯还存在于动物性脂肪（黄油、猪油等）中。

因此，要获取肥皂可以从动物或植物油脂开始，将油脂与氢氧化钠或氢氧化钾混合加热处理。在皂化反应过程中，形成高级脂肪酸钠盐或高级脂肪酸钾盐，也就是肥皂，反应过程中还得到了副产物——甘油。这就是老式肥皂的制作过程。

肥皂的历史已经消失在了时间的迷雾中。在古代，人们常将草木灰溶于水而得到**碱液**（lisciva）。碱液中含有钠和钾的氢氧化物。很可能过去有人将碱液与一些动物或植物的油脂混合，就这样第一次产生了皂化反应。在发掘巴比伦（Babylon）地区的文物时，人们发现了含有类似肥皂材料的黏土陶罐，其历史可追溯到公元前2800年。另外，在埃及的一些莎草纸中也提到了制备肥皂的方法。罗马人当时似乎还不知道有肥皂这个东西，就像我们了解的那样：他们是用浮石或很细的黏土在身上摩擦来清洁身体。相反，阿拉伯人是娴熟的肥皂配制者。在阿拉伯古皂中，用橄榄油和月桂叶油制成的阿勒颇（Aleppo）肥皂即使在今天也特别有名。十字军东征时，阿拉伯人制作肥皂的技术逐渐传到西班牙、意大利和法国。在法国，肥皂的生产主要集中在马赛（Marseille），在那里，阿勒颇古皂的制作工艺得到了恢复和发展。

要了解肥皂的清洁去污性，得认真考虑其分子结构。羧酸的碳氢原子长链（烃基）具有化学家所说的**憎水性**（hydrophobic properties）。这个词的字面意思是"怕水"，表示烃基对水的亲和力很低，因此它们不溶于水。烃基反而对脂肪有亲和力，具有**亲油**

性（carattere lipofile）。相反，被金属离子盐化的羧基具有**亲水性**（hydrophilic property），也就是说它对水有很大的亲和力。这是因为羧基中存在可以与水分子分离的部分电荷产生相互作用的负电荷［水分子为**极性分子**（polar molecule）］。肥皂分子在水中往往会聚集成一些小球体，球体内部集中着疏水碳链（憎水基）。小球体（称为**胶束**）的表面则分布着由带负电荷的羧基构成的亲水基（图5）。亲水的表面使它们能分散在水中，形成悬浮物。如果水中有油脂类物质存在（如油污），油脂就会被包裹在胶束中间，因为中间聚集着具有亲油性的碳链。这样一来，油污就可以在水中散开，从而达到清洁的效果。

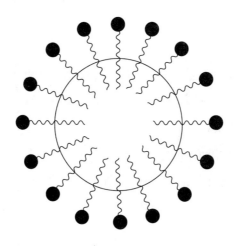

图5　胶束的结构示意图

　　当你淋浴或者在浴缸里泡澡的时候，你可能会看到浴缸底部有灰色的沉淀物，这让你有些不可思议，会觉得自己真的很脏。

实际上，这些沉积物不一定是身上的污垢。它们通常来自我们使用的水中的钙盐或镁盐。这些盐决定了化学家所说的水的**硬度**。高硬度会使水的味道变得难闻，并且还会产生水垢（也就是石灰石）。水中的钙、镁离子也能与肥皂发生反应，取代钠离子和钾离子的位置。钠皂和钾皂是可溶性的，而钙皂和镁皂则不溶于水，这就是我们有时在浴缸底观察到令人不安的灰色沉积物的原因。

其他的清洁剂也能像肥皂一样形成胶束。所有具有这种特性的物质都被称为**表面活性剂**（surface-active agents），因为它们能降低水的**表面张力**（surface tension）。为了理解这个词的含义，我们需要回到刚才所说的水分子。水分子是极性分子，也就是说其内部电荷的分布是不均匀的。氧原子和氢原子通过电子键合时，氧原子有更强的吸引电子的能力，而电子带负电，因此氧原子就带有部分负电荷，氢原子则因缺乏电子而带有部分正电荷。因此，水分子就像一个有正负两极的小物体。这样的物体被称为**电偶极子**（electric dipole），它们彼此之间可以相互作用，因为它们的一端可以吸引另一个分子带有相反电荷的一端。这些分子间的相互作用称为**偶极-偶极相互作用**（dipole-dipole interaction）。在水分子这种情况下，它们就构成了所谓的**氢键**（hydrogen bond）。氢键倾向于将水分子聚集在一起。在水中的分子会被周围其他分子向各个方向吸引，并且它受到的作用力的合力会是零。而在水面上的分子只会受到一侧分子的吸引，因此整体的合力不会是零。所以，所有的液体表面分子都受到水内部的吸引，这使得水的表面看起来就像有一层薄膜。这种液体表面的拉力就形成了表面张力。表面张力的存在可以使某些昆虫在水面上行走，或者使小金属物体放在水面上不下沉。表面张力也与液体的浸润性有关。具有高表面张力的液体（如汞）不会润湿与之接触的固体。

表面活性剂，如肥皂，其分子结构具有两亲性：一端亲水，另一端疏水，这些分子被称为**两亲分子**（amphiphilic molecule）。除了形成胶束，它们还以亲水端朝下、疏水端朝上的方式排列在水面。这种表面活性剂分子表面的膜会降低水的表面张力。

为了简单直观地了解表面活性剂的作用，我们可以做一个简单的实验：在杯子里装满水，撒些磨细的胡椒粉或爽身粉在水面，再把一根牙签插入水中。我们观察到了什么呢？再用提前蘸过肥皂水的牙签重复刚刚的实验，这次又看到了什么呢？我们会观察到，漂浮的胡椒粉（或爽身粉）会在牙签周围散开，如果牙签是用肥皂水处理过的，这种现象就尤为明显。水的表面张力造成了这种奇特现象。前面已经说过，表面张力表现为好像有一层拉伸的膜与液体表面接触一样。正是由于这种虚拟"膜"的存在，胡椒粉（或爽身粉）的颗粒才会漂浮起来。将牙签插入液体中就好像我们刺破了假想的膜，被"膜"支撑的固体颗粒就会向外移动。用肥皂处理过的牙签更有效，因为肥皂大大降低了水的表面张力，膜就会表现得像突然破裂开一样。

根据其化学特性，表面活性剂可分为不同类别。**阴离子表面活性剂**（anionic surfactant，阴离子一般是负离子）通常由碳原子长链形成的盐类组成，其末端是特定的带负电荷的基团。我们已经研究过的肥皂就属于这一类活性剂，我们前面已经提到过，它的负电荷基团是盐化的羧基［**羧酸根离子**（carboxylate anion）］。除了这个基团，在阴离子表面活性剂中还有**磺酰**

基（Sulfonyl group），它含有硫原子和氧原子。**月桂基硫酸钠（SLS）**、**月桂醇聚醚硫酸酯盐（LES）**和许多**烷基苯磺酸**（Alkylbenzenesulfonate acid，ABS）皆属此类。**阳离子表面活性剂**（cationic surfactant，阳离子一般来说是正离子）是指亲水端带有正电荷的盐类。它通常由**季铵基**（quaternary ammonium）组成，季铵基又由4个取代基键合的氮原子组成。**苯扎氯铵**（Benzalkonium chloride，BAC）和**十六烷基三甲基溴化铵**（Cetyl trimethyl ammonium bromide，CTAB）属于此类活性剂。此外，还有**非离子表面活性剂**（nonionic surfactant），即分子溶于水后不发生电离，不带电荷。它们通常是长链脂肪醇，如**脂肪酸的聚氧乙烯衍生物**（i derivati poliossietilenici degli acidi grassi）或**烷基聚葡萄糖苷**（Alkyl Polyglycoside，APG）。**聚乙二醇辛基苯基醚**（Triton X-100）和**聚乙二醇与十六醇**的缩合物（Cetomacrogol）也属于这一类。最后还有所谓的**两性表面活性剂**（amphoteric surfactant），其分子中同时含有正电荷和负电荷，其性质表现为酸性或碱性取决于所处的环境。例如，**十二烷基甜菜碱**（dodecyl betaine）和**氨基羧酸**（aminocarboxylic acid）。

我们提到的很多表面活性剂都可以在淋浴间架子上的产品中找到。在洗发剂中，纯表面活性剂（活性清洁物质）的平均含量通常在5%～15%。一般的表面活性剂通常由月桂基硫酸钠或其他烷基硫酸盐组成。还有一种改良的表面活性剂，它能减弱一般表面活性剂的侵蚀性。此外，针对想要解决问题的类型（使干性头发变柔顺、去头皮屑等）可以添加特定的功能性物质：想要头发茂密，可以添加增稠剂（稠度因子）；想要使最终产品的状态变得透明或有颜色，可以添加香料、防腐剂、着色剂和其他添加剂，例如，乙二醇硬脂酸酯（ethylene glycol stearate）、硬脂酰胺MEA-硬脂酸酯（stearamide MEA-stearate），或者为了获得乳状外观的特定乳剂。沐浴露中通常有更为浓缩的表面活性剂混合物，平均所含的活性清洁物质是洗发剂的两倍左右。香料的含量也大得多，是洗发水的5～10倍。沐浴露可以有不同的质地（透明的、珠光的、有颜色的），有时还含有小颗粒，以达到所谓的磨砂效果（轻微的摩擦用于深层清洁和清除死皮细胞）。所谓的洗发沐浴二合一是一种介于洗发水和沐浴露之间的产品。其活性清洁物质和香料的含量都处于中间水平。

护发素有多种功能：能刺激头皮分泌油脂，弥补洗头带走的过多皮脂；减少静电，增加头发的光泽，同时保持发丝的构造层次，便于打理头发。

护发素的不同成分各自发挥着特定的作用。**润湿剂**（gli idratanti）保持头发的水分；**滋补剂**（i ricostituenti）通常含有水解蛋白，可被毛发吸收，稳固发丝内部结构；**酸化剂**（acidifier）将护发素的酸碱度保持在最佳值；**热保护剂**（i protettori termici）可保护头发不受吹风机或卷发器过热的影响；**润滑剂**（gli emollienti）通常由含有硅的化学物质组成，可以依附在发丝表面使头发更有光泽；**油类**可使干枯毛糙的头发更加柔顺；最后，还有不可缺少的表面活性剂。护发素中通常使用阳离子表面活性剂。阳离子表面活性剂中带的正电荷可以中和头发上的阴离子电荷。除表面活性剂外，还有**成膜剂**（agenti filogeni），如**聚乙烯吡咯烷酮**（polyvinyl pyrrolidone）和从胶原蛋白或胎盘中提取的蛋白制剂等物质，它们具有渗透进发丝的能力，使头发坚实强韧。此外，还有一些起到光防护作用（photoprotection）的物质，以保护头发不受过度光照的影响，这些光线可能会产生黑色素的**光氧化**（photooxidation，发生于棕色头发的人之中）和所谓的**光返黄**（photo-yellowing，发生于金色头发的人之中）。后一种常表现为头发发黄，这似乎与毛球（hair bulb）中存在的氨基酸的自然降解有关，比如**胱氨酸**（cystine）、**酪氨酸**（tyrosine）和**色氨酸**（tryptophan）。护发素中用于光防护作用的物质有**二苯甲酮**（benzophenone）和**4-氨基苯甲酸**（4-aminobenzoic acid）。最后，还有一种特殊的成分是**漂洗调理剂**〔condizionanti "rinse"（risciacquo）〕，其作用是去除硬水中存在的钙盐、镁盐。

● 牙 膏

洗完澡，洗完头，再细致地给头发抹上护发素，搞定！然后就该拿起牙刷和牙膏刷牙了。

牙医和口腔卫生专家都认为，刷牙时最重要的不是牙膏，而是仔细刷牙。尽管如此，好的牙膏还是可以发挥一些有益的作用：可以帮助去除牙菌斑，使牙刷的作用更加有效；可以保护牙龈或牙釉质；可以减少蛀牙的发生；可以去除牙齿上的污渍，美白牙齿。此外，用味道好闻的牙膏刷牙还会更舒服，可以让你感觉神清气爽。

人们使用牙膏还是最近100多年的事。1892年，来自美国康涅狄格州新伦敦市（New London, Connecticut）的牙医华盛顿·谢菲尔德（Washington Sheffield）博士研制出第一支软管牙膏，其想法在商业上取得了非凡的成功。这种软管刚开始是用金属制作的，后来则用塑料制作。在软管出现之前，牙膏都储存在罐子里。即使在古代，人们也非常关注口腔卫生问题。希腊人和罗马人使用研磨的粉末来清理口腔，并用香草和鲜花增加粉末的香味。几个世纪以来，人们也一直使用其他物质的混合物来做口腔清洁。

现代牙膏中含有多种成分，可根据功能进行分类。**研磨剂**（Gli agenti abrasivi）可由二氧化硅、氧化铝、磷酸盐或碳酸钙制成。它有助于清洗，同时也影响着牙膏膏体的稀稠度。**清洁剂**由表面活性剂组成，如月桂基硫酸钠，有助于形成泡沫。**润湿剂**（或称保湿剂）由山梨糖醇（sorbitol）或甘油组成，可保持膏体的柔软，避免干燥。**增稠剂**由硅酸盐（silicate）或胶质组成。还有**香料**（通常是薄荷、胡椒薄荷、百里香和桉树）和**非糖类甜味剂**（如糖精、木糖醇、山梨糖醇和甘露醇）。

1914年，一些生产厂家开始在牙膏中添加氟化物。刚开始，美国牙科协会（American Dental Association，ADA）批评了此行为。然而在20世纪50年代，美国牙科协会意识到了在牙膏中添加氟化物可以预防龋齿。同一时期，印第安纳大学（Indiana University）的约瑟夫·穆勒（Joseph Muhler）教授领导的研究小组（由一家知名生产厂家发起）对牙膏中氟的存在是否有用进行了深入研究，得出的结论是氟在牙膏中确实有效。美国牙科协会在1960年也重申了其赞成使用氟的立场。世界卫生组织也表达了类似的意见，但前提是氟的含量不能超过一定限度。此外，最近一些关于牙膏中氟的危害的恐慌性言论似乎也并没有充分的依据。

几年前，伦敦大学伯贝克学院（Birkbeck College, University of London）的一些研究人员就氟在预防龋齿中的作用原理提出了一种解释[8]。牙釉质主要由羟基磷灰石（Hydroxyapatite）构成，这是一种非常坚硬的物质，其化学式为$Ca_5(PO_4)_3(OH)$。酸性食物会使牙釉质脱钙，损害牙齿健康。伦敦的研究人员通过计算机模拟发现，氟会与牙齿表面存在的钙离子结合，阻碍钙离子在牙齿表面活动，从而避免牙齿被侵蚀。但氟似乎只能渗透到牙齿表层，影响表层原子，由咀嚼引起的牙齿物理性磨损似乎就能将其去除。因此，氟必须长期接触牙齿才能产生持久的保护作用。

2006年，一种含有合成的羟基磷灰石的牙膏作为含氟牙膏的替代品在欧洲上市。羟基磷灰石通过在牙齿表面形成一层合成牙釉质来保护牙齿，还能修复牙齿的磨损和划痕。

● **剃须泡沫**

刷完牙后，照照镜子，发现还需要好好刮一下胡子。你一直都不喜欢电动剃须刀，剃须刀片和剃须泡沫才是你的最爱。一按下泡沫罐上的喷头，白色柔软的泡沫就迫不及待地要出来了。不经意间，你的脑海里就会想起伟大的乔治·加伯（Giorgio Gaber）的一句话："泡沫是个好东西，就像母亲在你伤心疲惫的时候抚摸你的头一样。她是一个伟大的母亲，一个穿着白衣服的母亲。"

从罐子里挤出来的泡沫与刚才洗澡时"抚摸"过你的头部和整个身体的泡沫没有本质上的区别。

乍一看，泡沫似乎非常均匀。实际上它是由分散在液体中的微小气泡组成的[9]。在自然界中，泡沫可以自然形成，我们只要想想拍在岸边的浪花或瀑布的水花就知道了。但是仅由水和空气组成的泡沫不稳定，它的状态维持时间会很短。为了维持泡沫的状态，还需要一些其他物质，也就是我们已经说过的表面活性剂，它通过降低水的表面张力来促进泡沫的形成。在剃须泡沫中，通常使用钾皂或含有季铵盐的阳离子表面活性剂。也可添加**游离硬脂酸**（free stearic acid）来增加泡沫的光泽。另外还可添加对皮肤有保护作用的物质，如凡士林、羊毛脂等；还有保湿剂，如甘油、山梨糖醇等。在使用泡沫罐时，按压喷头，瓶内就会有压力，而推进剂气体在压力下就会产生泡沫。

泡沫通常具有杂乱的内部结构，构成泡沫的气泡也可以大小不一。但气泡的分布却有一定的理论原则。这种分布会确保实现最大的空间填充。此外，气泡的形成也遵循一个原则，就是尽量减少周围液膜所占的面积。1993年，两位爱尔兰科学家丹尼斯·威尔（Denis Weaire）和罗伯特·弗兰（Robert Phelan）[10]进行了计算机模拟，并建立了一个理论模型来解释体积相等且表面积最小的气泡如何对空间进行最佳填充。他们的研究表明，要保证这样的结果，泡沫中的气泡就得有两种不同的形状。四分之一的气泡必须是**十二面体**（dodecaedro）（具有12个五边形面的多面体），而四分之三的气泡必须是**十四面体**（tetrakaidecaedro）（具有14个面的多面体，2个面为六边形、12个面为五边形）。另外一项实验研究表明，在适当条件下制备的真实泡沫能够有效地实现这一理论模型[11]。图6所示为威尔-弗兰气泡结构。

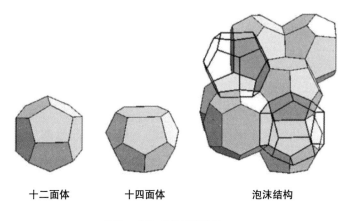

十二面体　　　　　　十四面体　　　　　　　　　泡沫结构

图6　威尔-弗兰气泡结构

　　在这两位爱尔兰科学家之前，比利时物理学家约瑟夫·普拉托（Joseph Plateau，1801—1883）就已经对气泡进行了深入研究，并制定了一系列以他的名字命名的定律。不符合这些定律的气泡结构都是不稳定的，并且还会自发地改变其结构以遵循这些定律。

　　当我们提到泡沫时，我们通常指的是液体的泡沫，比如肥皂产生的泡沫。但我们也不能忘记还有固体泡沫，它的结构与液体泡沫相似，比如人造的**泡沫橡胶**（rubber foam）和**可发性聚苯乙烯**（expandable polystyrene）。在自然界中，最明显的固体泡沫之一就是蜜蜂和其他昆虫的巢穴。我们骨头的微观结构也与固体泡沫的结构相对应。这种结构为我们的骨骼提供了机械强度和轻巧性。

提到泡沫，我们就会想到搅奶油（whipped cream），它实际上也是一种泡沫。只要想到它抹在蛋白酥和奶油卷上有多美味，你就马上胃口大开了。虽然现在是早餐时间，但我们还是稍后再谈搅奶油吧（第二章第2节）。

拓展：化学键

> 在极不确定的时间和地点，
> 原子离开了它们的天体之路。
> 偶然的拥抱，
> 使它们创造了一切。
> 虽然它们看起来紧紧相依，
> 并在此形成"维系"。
> 不过，它们迟早会打破束缚，
> 跑到太空深处。

这些诗句是伟大的苏格兰物理学家詹姆斯·克拉克·麦克斯韦（James Clerk Maxwell，1831—1879）在题为《分子进化论》[12]（*Molecular evolution*）的诗作开头所写。

化学键[13]将原子结合起来形成分子，从而用它所具有的无数特性构成了现有的一切物质。化学键的断开和重组即为物质转化的化学反应。

原子之间相互结合，通过改变其电子结构来达到更高的稳定性。具有最稳定的电子结构的是稀有气体（氦、氖、氩、氪、氙、氡和氚），其特点就是它们所有的核外电子层都排满了电子[**饱和电子构型**（saturated electron configuration）]。其他元素的原子则倾向于改变自身的电子结构，也就是通过与其他原子结合来获得类似于稀有气体的电子结构。

不过，实现结构稳定性的方法还有很多种呢。可以将电子从一个原子转移到另一个原子，从而产生带电的原子（**离子**），这样我们就有了**离子键**[ionic bond，或**异极键**（heteropolar bond）]。最常见的离子键化合物是食盐（氯化钠，NaCl）。此类化合物在水溶液中或在熔融状态下能够导电，这证明了其内部存在电荷。"离子"一词由迈克尔·法拉第于1834年提出，它源于希腊语iών（ión），意为"旅行者"，指它们在电场作用下移动的能力（这说明了离子化合物在熔融状态和水溶液中的导电性）。

为了产生离子键，所涉及的原子必须具有一个相反的性质。也就是其中一个原子一定要很容易失去电子，另一个也必须很容易获得电子。化学中吸引电子的能力叫作**电负性**（electronegativity）。因此，为了使两种元素原子产生离子键，它们必须具有非常不同的电负性。

如果参与反应的原子相同或具有非常相似的电负性，就会产生另一种类型的键，称为**共价键**（covalent bond）或**同极键**（homopolar bond）。在这种情况下，原子之间没有电子的转移，而是电子共用。换句话说，电子对是放在原子之间的。事实上，当所涉及的原子的原子核之间的距离达到一定值时，两个原子核施加的静电引力对电子的影响是同等的。这个时候问某个电子属于哪个原子都没有意义，因为它们是两者共用的。

用量子术语来说，组成分子的原子轨道线性组合产生一个**分子轨道**（molecular orbital），也就是分散在多个原子上的离域电子云（其实是一个概率分布）。可以说，这种云就像"胶水"一样，把原子粘在一起。这种键型的化合物无论是在水溶液中，还是在熔融状态下都不导电（如蔗糖）。如果在一个键中只有一对共用电子，则说该键是**单键**；如果有2对，就说**双键**；如果有3对，就是**三键**。断键所需的能量称为**键能**（bond energy）。键的能量越高，分子就越稳定。

在离子键和共价键之间，可以有中间情况：也就是原子之间的电负性差不为零（不足以形成共价键），但差异又没有大到可以形成离子键。在这种情况下，电子仍然是共用的，但分子轨道不再是对称的。这会使一个原子上产生部分负电荷，而另一个原子上产生正电荷。这类分子的两端带有相反的电荷，类似于物理学中所说的**电偶极子**（见第三章第1节）。由于它们是极性分子，所以会相互吸引。这些物质的高熔点和高沸点证实了这种吸引力的存在，我们所知道的典型的极性物质是水。

最后，还有一种特殊的键，是金属的特征。在**金属键**（metallic bond）中，每个原子的外部电子是完全共用的，并且可以在金属晶体中自由移动（见第四章第1节）。金属具有的导电性、导热性和光泽都是因为这种结构。最后，半导体（硅、锗等）具有特殊的电子结构，我们在能带理论（见第一章第1节）中也描述过，这种电子结构决定了它们独特又宝贵的导电性能。

1.3 早　餐

● 咖啡：溶剂萃取

洗漱完成，身体还香香的。一切都整理好后，你走出浴室来到厨房。早上的胃口还不错，美好的一天从一顿优质的早餐开始。

首先要为自己准备一杯咖啡。但你从来没有想到的是，无论你以哪种方式煮咖啡（用经典的摩卡咖啡壶，用意式浓缩咖啡壶，用那不勒斯咖啡壶，用美式咖啡机，用土耳其咖啡壶或其他任何方式），在这个过程中都会进行一个典型的化学实验操作：**溶剂萃取**。一般来说，溶剂萃取就是利用需要分离的组分与溶剂中其他物质（化学家称为**基质**）的溶解度不同，从中分离出这种（某些情况下为多种）组分。一些热带咖啡属植物的种子，经烘焙、研磨后就成了咖啡粉。就咖啡而言，基质就是咖啡粉，溶剂就是咖啡壶中加入的热水。你每天早上（并且还不只早上）喝得津津有味的饮料实际上就是一杯溶解有咖啡粉中水溶性物质的溶液。

众所周知，咖啡品种繁多，最常用的是**阿拉比卡咖啡豆**（coffea arabica）和**罗布斯塔咖啡豆**（coffea canephora），它们具有不同的化学特性和感官特征。因此，咖啡饮料的成分取决于混合咖啡的种类和制备方法。

● 咖啡的成分及其特点

无论所使用的混合咖啡的类型和制备方式如何，咖啡中始终存在有咖啡因。化学家用难懂的专业名称1,3,7-**三甲基黄嘌呤**来表示咖啡因，或者根据国际纯粹与应用化学联合会（IUPAC，International Union of Pure and Applied Chemistry）的官方命名法，用更生僻的名称1,3,7-**三甲基-1H-嘌呤-2,6（3H, 7H）-二酮**来表示。

咖啡因是一种生物碱，也就是一种具有碱性特征（因为其化学结构中存在氨基）的物质，有特殊的生理作用。咖啡因除了存在于咖啡中，还存在于可可树、茶叶、可乐果、巴拉奎冬青和瓜拿纳树以及由它们制成的饮料中。茶叶和瓜拿纳树中分别含有**茶素**（theine）和**瓜拿纳因子**（Guaranine），这些特殊成分的作用与咖啡因相似。

咖啡因具有兴奋中枢神经的作用，可使人上瘾（咖啡因中毒）。咖啡因的分子结构（图7）与**腺嘌呤**（adenine）相似。腺嘌呤是存在于核酸，即DNA（脱氧核糖核酸）和RNA（核糖核酸）中的含氮碱基。腺嘌呤又与一种叫**核糖**（ribose）的分子相连，形成**腺苷**（adenosine）。腺苷是**核苷**（nucleoside）的一种，是核酸的重要成分。咖啡因可作为腺苷受体（位于细胞膜上）的竞争性拮抗剂。通过这种方式，可以促进特殊激素，如**肾上腺素**（adrenaline）和**去甲肾上腺素**（noradrenaline）的释放。这些激素会刺激交感神经系统，从而使心率加快、肌肉的血流量增加、基础代谢率提高，进而让身体处于兴奋状态，帮助提高反应力与注意力。这就是咖啡可以让你提神醒脑的原因。

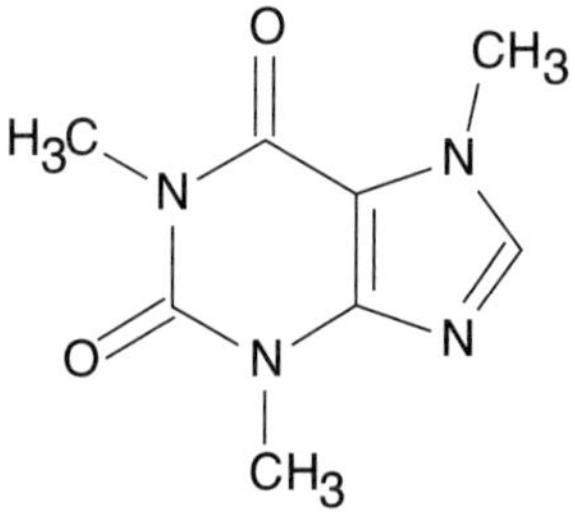

图7　咖啡因的分子结构

过量摄入咖啡因对人体有害，甚至致命。人类服用咖啡因的半数致死量（median lethal dose，LD_{50}）[14]约为150毫克／千克。这是一个很高的剂量，因为一杯咖啡只含有约85毫克咖啡因。因此一个70千克的人必须一次性喝下120多杯咖啡才能达到半数致死量！

我们说过，咖啡的咖啡因含量首先取决于所使用的咖啡类型。罗布斯塔品种的咖啡豆的平均咖啡因含量高于阿拉比卡品种的咖啡豆。而同样的混合配比，咖啡因的含量也会因制作方式的不同而有所差异。咖啡中咖啡因含量最小的是浓咖啡（约60毫克），因为少量的水只能萃取少量的咖啡因。相反，在淡咖啡中加的水较多，因此咖啡因的含量也就增加了（80～100毫克）。另外，在浓咖啡中，咖啡因之外的其他物质的浓度更高，从而使咖啡的香味更浓郁。如果是以盎格鲁—撒克逊人的方式制作咖啡，一杯200毫升的咖啡就含有约250毫克的咖啡因。

关于咖啡因以及咖啡潜在的危害大家众说纷纭。对于"咖啡是坏还是好"这个问题，我们很难有一个明确的答案[15]。但从目前所有已知的研究中可以得出：一天的摄入量控制在3杯以内，好处是大于坏处的，比如可以提高警觉性、集中注意力和增强记忆力，同时可以抗疲劳，抗偏头痛，或许还可以抗帕金森病和阿尔茨海默病（对于3杯的量只有比较敏感的人群会失眠，感到紧张、心悸）。只要保持在每天5杯以下，就可以明显降低血管梗塞、高血压和高胆固醇血症的发病率。如果超过这个量（6～10杯或更多），患心脏病的风险可能会增加，虽然没有确切的数据可以证实，但我们这样猜测也是合理的。此外，孕妇（特别是在怀孕中期）每天摄入超过6杯咖啡，可能会增加流产和新生儿体重不足的风险。

然而，抛开这些临床数据不谈，很多咖啡爱好者都会选择脱因咖啡，这是一种几乎不含咖啡因的咖啡（去除率达95%～97%）。为了达到脱因效果，我们同样得采用溶剂萃取法。1905年，为咖啡贸易股份公司（Kaffee-Handels-Aktien-Gesellschaft）工作的德国人路德维希·罗斯留斯（Ludwig Roselius），在不来梅（Brema）首次实现了咖啡脱因的操作。脱因后的咖啡产品随后被商业化，以公司名称的缩写HAG为商标名，至今该品牌仍在经营当中。在过去，我们使用氯化烃，如**二氯甲烷**（dichloromethane）作为提取咖啡因的溶剂，因为咖啡因可溶于这种溶剂，而其他赋予咖啡香味的成分则对此溶剂表现出不溶性。这样的工业技术能使最终的咖啡产品中没有明显的溶剂残留。但是，由于氯化烃通常具有毒性，一段时间之后人们就放弃了此方法。如今，几乎所有制备脱因咖啡的工艺都是利用超临界条件下的二氧化碳作为萃取溶剂。当二氧化碳在温度和压力下维持在所谓的临界值以上时，就会出现超临界状态。**临界温度**是指在该温度以上物质不能以液态存在的温度。在临界温度下液化气体所需的压力称为**临界压力**。二氧化碳的临界温度和临界压力分别为31.1℃和7.38兆帕。超临界条件下的流体具有独特的性质，一些类似于液体（例如密度），而另一些则类似于气体（例如黏度）。此外，超临界二氧化碳还是一种极好的非极性溶剂，能够溶解（因此也可以萃取）咖啡因等有机化合物。萃取结束后，只要改变温度和压力，二氧化碳就会恢复为气体，并且不会在得到的脱因咖啡和萃取出的咖啡因中有任何的残留，而且这些咖啡因也可用于制药业。

但脱因咖啡真的比普通咖啡更好吗？医学界众说纷纭。一些研究表明，脱因咖啡与普通咖啡不同，不会增加心脏病风险，并且对脑细胞还有保护作用。但这些有益的作用也可能来自咖啡因之外的成分，比如咖啡中存在的抗氧化剂就可以改善血管内细胞的完整性和功能。但根据其他研究，脱因咖啡反而可能会引起心脏问题，因为不断饮用会导致**血清低密度脂蛋白**（low density lipoprotein，LDL），也就是所谓的"坏的胆固醇"增加。但由于咖啡因的保护性拮抗作用，这种情况不会发生在普通咖啡中。另外，考虑到高剂量的咖啡因会导致孕妇流产和新生儿体重不足，也有很多人建议孕妇使用脱因咖啡。我们在评估咖啡的优缺点（不管是否含有咖啡因）时，也存在类似的不确定性，这是因为有喝咖啡习惯的消费者通常也抽烟喝酒，所以就很难分辨出咖啡真正的效果。不过，最好的办法就是大家都理智一点，不要喝太多的咖啡。如前面所说，每天只要不超过3杯咖啡（不管是否含咖啡因），你的身体就不会面临重大的健康风险。

除了咖啡因，咖啡中还有许多其他物质。其中主要有**咖啡酸**（caffeic acid）、**绿原酸**（chlorogenic acid）、**阿魏酸**（ferulic acid）、**奎宁酸**（quinic acid）衍生物（在烘焙过程中形成）、**葫芦巴碱**（trigonelline）和**烟酸**（niacin）。这些物质具有抗氧化、抗糖尿病、抗胆固醇和抗甘油三酸酯的作用。

● 茶的特点、柠檬的添加、酸碱指示剂

如果你喜欢用茶代替咖啡作为早餐的饮料，你可能也会对茶的一些知识感兴趣。茶和咖啡一样，都含有咖啡因。有人称茶中的咖啡因为茶素，这其实只是一种语言上的自由选择。在化学中，我们只说咖啡因，因为这种物质最早就是在咖啡中发现的，后来才在茶叶和其他产品中发现。但茶叶中的其他物质使茶水中咖啡因的吸收速率比喝咖啡时慢。因此，喝茶时，咖啡因的作用在时间上更持久；而喝咖啡时，咖啡因的作用立竿见影，但很快就会消失。

茶叶中还含有大量的特殊物质——**多酚**（polyphenol）。多酚对细胞有抗氧化、抗衰老的作用，根据一些研究，甚至还有抗肿瘤的作用。另外还有一种物质叫**茶氨酸**（theanine），它具有镇静作用，因此可以缓和咖啡因的神经刺激作用。最后，茶叶中的精

油成分除了具有令人愉悦的香气，还具有消毒和消化作用。

咖啡因的含量因茶而异。咖啡因含量最多的是红茶。它由茶（*Camellia sinensis*）的叶子经过长时间的加工（萎凋、摇青、揉捻、干燥）制成。这些过程中会有新的氧化物形成，使茶叶的颜色变深。其中有种氧化物叫作**茶红素**（thearubigins），可以使浸泡出来的红茶呈现出典型的橙红色。绿茶的加工步骤要少一点，且多酚含量较高。白茶由茶树的芽头制成，多酚含量更高。最后还有一种，叫作乌龙茶或青茶。"乌龙"一词字面意思为"黑龙"，它是一种主要产于中国的半发酵茶。

很多喝茶的人喜欢在里面加一点牛奶，但这种做法似乎并不可取。发表在《欧洲心脏病杂志》（*European Heart Journal*）[16]上的一项研究表明，牛奶的添加可能会使茶水中对血管有保护作用的抗氧化剂失效。因为牛奶中的蛋白质（也包括豆浆中的蛋白质）会与抗氧化分子结合，使其无法发挥作用。但在茶中加入柠檬似乎就没有任何禁忌。如果你曾经将柠檬汁挤进过红茶中，可能已经注意到了这种奇特的现象：加入柠檬汁后，茶的色泽会明显变浅。如果你之前碰巧观察到了这一点，你得知道你目睹的这种现象被化学家称为**酸碱指示剂的颜色变化**。

酸碱指示剂（acid-base indicator）是一种特殊的物质，它会根据所接触溶液的pH值而呈现不同的颜色。pH值由丹麦化学家索伦·索伦森（Søren Sørensen）于1909年提出，用于表示溶液酸碱性程度。数学上定义pH值为溶液中存在的H_3O^+（**水合氢离子**）浓度的负对数。pH = 7的溶液是中性，也就是说H_3O^+的浓度和OH^-（**氢氧根离子**）的浓度相等。如果pH < 7，则溶液呈酸性，即H_3O^+的浓

度大于OH⁻的浓度。如果pH > 7，则溶液呈碱性，即H_3O^+的浓度低于OH⁻的浓度。许多酸碱指示剂都是从植物中提取出来的。我们前面提到的使茶叶呈现出特定淡红色的茶红素就是一种酸碱指示剂。柠檬汁含**柠檬酸**（citric acid）而呈酸性，因此柠檬汁的添加会降低茶的pH值。pH值降低会使茶红素的颜色发生变化（变色），茶水颜色变浅。

从植物提取的酸碱指示剂中，最常见的是从地衣植物中提取出的**石蕊**（litmus）。如果将不同的指示剂混合，就可得到通用指示剂。通用指示剂可以通过将混合物呈现出的颜色与先前校准的色标颜色进行比较，以此来估计溶液的pH值。另外，为了更精确地测量pH值，我们会使用一种特殊的仪器：pH计。它的工作原理就是特定电极的电势取决于它所浸泡的溶液的pH值。

● **糖：概述、单糖和多糖、光合作用、**
　　蜂蜜、旋光异构体

无论你喜欢喝咖啡还是喝茶，加点糖都能让两种饮料更好喝。我们口中的糖实际上是糖类［也叫**碳水化合物**（carbohydrate）］这个大家族的众多成员之一。很多人都知道普通食用糖的正确名称是**蔗糖**（sucrose），或者用更准确但也更复杂的名称4-O-（β-D-吡喃半乳糖基)-D-吡喃葡萄糖［4-O- (β-D-Galactopyranosyl)-D-glucopyranose］表示。

蔗糖属于**二糖**（disaccharide），由一分子**葡萄糖**（glucose）

和一分子**果糖**（fructose）通过糖苷键结合在一起，其分子结构见图8。而葡萄糖和果糖都是**单糖**（monosaccharide），因为它们的分子不能分解成更简单的糖。其他的单糖有：**阿洛糖**（allose）、**半乳糖**（galactose）、**甘露糖**（mannose）、**山梨糖**（sorbose），也有**核糖**和**脱氧核糖**（deoxyribose），它们分别是RNA和DNA的组成成分。除了名称以-糖（-ose）结尾，从分子结构上看，这些单糖也有相似之处。它们的分子结构中要么有一个**醛基**（aldehyde），要么有一个**酮基**（ketone）。醛基由一个碳原子、一个氢原子及一个双键氧原子组成。酮基比醛基少一个氢原子。具有醛基的单糖称为**醛糖**（aldose），具有酮基的单糖称为**酮糖**（ketose）。除了这些基团中的碳原子，单糖分子中还存在与氢原子和羟基（-OH）相连的其他碳原子。一般来说我们可以用通式$C_nH_{2n}O_n$来表示单糖，其中$n \geqslant 3$。通式中的$H_{2n}O_n$部分也可写成$(H_2O)_n$。大家都知道H_2O是水的分子式，所以也就可以理解为什么糖类也叫**碳水化合物**了。

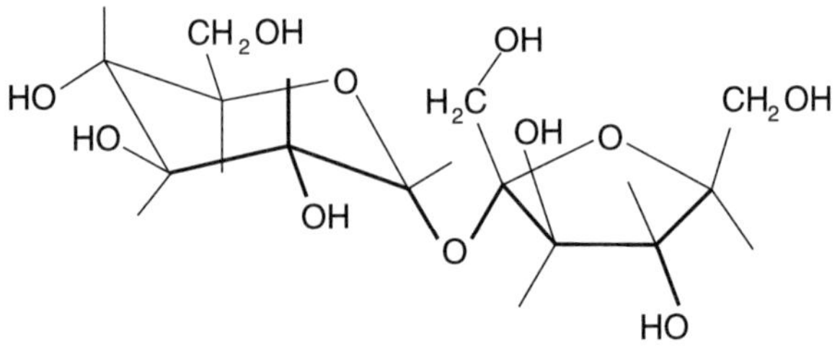

图8　蔗糖的分子结构

根据碳原子数目，单糖还可以分为**丙糖**（triose，3个碳原子）、**丁糖**（throse，4个碳原子）、**戊糖**（pentose，5个碳原子）、**己糖**（hexose，6个碳原子）等。比如葡萄糖就是**己醛糖**，因为它有醛基和6个碳原子（包括醛基的碳原子）；而果糖是**己酮糖**，它有酮基和6个碳原子（包括酮基的碳原子）；核糖和脱氧核糖则属于**戊醛糖**。

借助一些仪器，我们现在可以很容易就确定糖的分子结构，虽然这些结构现在都是已知的，但在过去，想要成功推测出这些分子结构对于化学家来说是一个智力大挑战。1884—1894年，德国化学家赫尔曼·埃米尔·费歇尔（Hermann Emil Fischer，1852—1919）首次确定了葡萄糖（后来还确定了其他糖的结构）的分子结构。费歇尔仅仅根据葡萄糖化学性质的研究，并运用可以奉为典范的逻辑推理，就能准确地指出分子内所有原子是如何结合的。这是人类鲜为人知的智慧结晶。正因为这些研究，费歇尔在1902年获得了诺贝尔化学奖。

单糖两两结合可以形成二糖，除此之外，多个单糖分子结合还可以形成长链分子［**聚合物**（polymer），见第三章第2节拓展：高分子化学］。这种由多个单糖聚合而成的化合物称为**多糖**（polysaccharide）。最重要的多糖肯定是**淀粉**（starch）、**纤维素**（cellulose）和**糖原**（glycogen）。淀粉是植物体内的储能物质；纤维素是构成植物支撑组织的基础；糖原则是包括人在内的动物的储能物质，主要存在于肝脏中。上述3种多糖都是由葡萄糖分子聚合而成的，但葡萄糖分子结合方式的不同决定了这3种多糖的性质存在很大的差异。

现在化学家已经可以在实验室制糖了。但我们所使用的和世界上存在的很大一部分糖都是由绿色植物通过一种叫作**光合作用**（Photosynthesis）的特殊化学反应合成的。利用太阳光和叶子的叶绿素（分子结构中心含有镁原子的复杂分子），植物能够通过以下反应将根部吸收的水分和空气中的二氧化碳转化为葡萄糖：

$$6\,CO_2 + 6\,H_2O \rightarrow C_6H_{12}O_6 + 6\,O_2$$

据估计，光合作用每年可将大气中约1.15×10^{14}千克的碳转化为生物质[17]。上面的化学反应看起来简单，但它其实是一个极其复杂的过程，涉及许多物质的转化。

20世纪初，英国植物学家弗雷德里克·弗罗斯特·布莱克曼（Frederick Frost Blackman，1866—1947）发现光合作用主要分两个阶段进行。在第一个阶段，叶绿素分子吸收阳光，被激发出高能电子，从而提供了将**二磷酸腺苷**（adenosine diphosphate，ADP）转化为**三磷酸腺苷**（adenosine triphosphate，ATP）以及产生**还原型辅酶Ⅱ**（nicotinamide adenine dinucleotide phosphate，NADPH）分子所需的能量。同样在这一阶段，水分子的分解还会产生H^+、氧气和填补叶绿素分子空穴的电子。在第二阶段，会经过一个被称为**卡尔文–本森循环**（Calvin-Benson Cycle）的特殊过程，该循环以美国化学家梅尔文·卡尔文（Melvin Calvin，1911—1997，1961年因对光合作用的研究而获得诺贝尔化学奖）和美国生物学家安德鲁·阿尔姆·本森（Andrew Alm Benson，1917—2015）的名字命名。通过这个循环可将ATP和NADPH分子中积累的能量用于制造葡萄糖分子。然后，葡萄糖就可以合成我们在植物中发现的其他复杂的糖类，包括二糖和多糖。

光合作用不仅负责生产出我们星球上的所有生物质，而且还会制造氧气，就像我们在前面光合作用阶段看到的那样。虽然氧气是光合作用的副产品，却是我们生存的必需品。

我们再回到蔗糖，它主要是从甜菜或甘蔗中提取。我们通过特殊的工艺流程首先会得到**原糖**（raw sugar），但由于含有杂质，原糖颜色偏黄，然后再加工精炼成**精糖**或**白糖**。一段时间以来，优先选择原糖已成为人们的一种时尚。但实际上，与精糖相比，原糖没有任何优势。它们的分子结构是相同的，原糖中含有杂质，所以就多了一些矿物质盐和抗氧化分子，但它们的含量很少，并不会对健康有太大作用。

当我们食用蔗糖后，我们的身体会将其分解为单糖：葡萄糖和果糖。这个过程称为蔗糖的**水解**。我们也可以用酸（比如盐酸）来处理蔗糖的水溶液，这样也可以使蔗糖水解。在水解过程中，将葡萄糖和果糖分子连接在一起的糖苷键被破坏，水分子也会分解，以恢复每个单糖分子上的羟基。蔗糖的水解反应会表现出一种特殊的性质。在第一章第1节中我们提到过偏振光。如果我们将一束偏振光射入蔗糖水溶液中，光束就会从向右旋转的偏振面射出。溶液的旋光度取决于各种因素，如溶液的浓度、光源波长和温度。但无论在哪种情况下，光束的旋转方向都是向右的，因此我们说蔗糖溶液是**右旋物质**（dextro-rotatory substance）。如果我们进行蔗糖的酸水解，会惊讶地发现，得到的葡萄糖和果糖的混合物会将光的偏振平面向左旋转，也就是说得到的混合物是**左旋物质**（levo-rotatory substance，拉丁语laevus意为"左"）。所以我们将蔗糖水解得到的产物称为**转化糖**（invert sugar）。因为葡萄糖是右旋性物质，果糖是左旋性物质，但果糖的旋转力在绝对值上大于葡萄糖，所以这两种单糖（各占50%）的混合物总体呈现出左旋光性。转化糖的甜度比蔗糖更高，约高出蔗糖甜度的25%。所以转化糖常用来代替蔗糖生产果酱、蜜饯、水果糖浆及其他食品。转化糖也是蜂蜜的主要成分。蜜蜂会产生一种特殊的酶，恰巧就叫作**转化酶**（invertase），它可以水解从花朵中采集的蔗糖，从而产生转化糖。除转化糖外，蜂蜜中还含有许多其他物质，如微量元素（如铜、铁、碘、锰、硅、铬）和维生素（A、E、K、C及B族）。此外，还含有具有杀菌［如**甲酸**（formic acid）］和抗菌［如**防御素-1**（defensin-1）[18]］特性的酶和物质。这些物质能够使蜂蜜得以长期保存，这也是为什么蜂蜜曾经被用作治疗割伤和烧伤的抗菌剂。

● 西梅干和渗透作用

当你一口一口抿着咖啡（或茶）时，你的目光落在了洗碗槽旁的架子上。上面有一个装满水的杯子，里面还有前一天晚上妻子放进去的西梅（很容易能想到这是为什么）。你清楚地记得西梅干是干瘪发皱的，但现在却圆圆润润的。这是发生了什么事呢？原来这是化学家们都知道的**渗透作用**导致了干瘪的西梅干膨胀，而渗透现象在自然界中也极为常见。1748年，法国修道院院长、物理学家让·安托万·诺莱特（Jean-Antoine Nollet，1700—1770）发现了这一现象。他用猪膀胱膜将两个分别装有纯净水和另外一种溶液的容器分开。一段时间后，诺莱特观察到溶液的液面上升，而纯净水的液面下降。这说明有一部分的水会自行透过膜扩散到另一侧来稀释溶液。若是使用两种不同浓度的溶液也会得到这样的结果：水总是从低浓度向高浓度流动。为了解释所观察到的现象，我们可以假设水是在一定压力下被推着通过膜，到了某一程度，由于这个内部压力和两种液体的液位差产生的静水压之间达到了平衡，所以就停止了流动。这种现象被称为**渗透**（osmosis）。因为在希腊语中ὠσμός（osmós）是"推"的意思，推动水透过膜的压力称为**渗透压**（osmotic pressure）。要使渗透作用发生，所用的膜就必须具有半透性，即只能让溶剂分子通过，而不会允许溶质分子通过。许多来源于动植物的天然膜都具有此特性，当然，我们也可以人工制备。在实际过程中，它们就像一个有选择性的过滤器，允许一些分子通过，而另一些则不能。所以，正是渗透作用使西梅干膨胀起来。水果的表皮（以及单个细胞的膜）具有半透性，它允许水通过，去稀释由糖和其他物质浓缩组成的内部汁液。如果此时你把膨胀的西梅放在浓度很高的溶液中（糖、盐或其他溶液），过一段时间它就会瘪下去，因为此时水的流动方向是相反的，是从西梅内部流向外部溶液。将食品保存在盐水中（橄榄、凤尾鱼等）或高糖糖浆中（果酱、蜜饯等）的时候，也会发生这种情况。这种条件下食物能长期保存，因为浓缩的溶液（在高渗透压下）抑制了微生物的生长，使它们找不到维持生命机能的水。

渗透压遵循一个与气体**状态方程**（equation of state）非常相似的定律。渗透压取决于单位体积溶液中的溶质颗粒的数量，而且还受温度影响。浓度较高的溶液（因此渗透压也高）称为高渗溶液（hypertonic solution），浓度较低的溶液称为**低渗溶液**（hypotonic solution），当两种溶液的渗透压相同时，它们被称为**等渗溶液**（isotonic solution）。医学上使用的普通生理溶液（用于输液和其他用途）就与血浆等渗。这种溶液实际上是浓度为0.9%的氯化钠溶液。

渗透现象在自然界中非常普遍，如植物根部吸收养分、鱼鳃从水中吸收氧气、细胞之间的水交换、我们肾脏中的渗透过程、透析等许多现象都是渗透作用造成的。反渗透设备是渗透作用的一个特殊应用，我们将在第三章第1节里进行讨论。

拓展：立体化学

如果我们想对生命过程的化学打开一线希望，就必须在很大程度上诉诸立体化学的方法，我们必须从三维的角度思考[19]。

1963年诺贝尔化学奖获得者居里奥·纳塔和他的天才合作者马里奥·法里纳（Mario Farina，1930—1994）就是这样表达立体化学的重要性的。

物质的化学、物理和生物特性是由分子结构决定的，而分子又由原子组成。原子结合在一起形成不同的三维形态，这种结合方式决定了所得物质性质上的巨大差异。立体化学研究分子的几何特性，以及这些特征如何反映在其化学行为中。

如果我们看着自己的双手，就会发现它们是彼此的镜像。如果我们把右手放在镜子前，我们看到它和左手是一样的，反之亦然。而且，右手和左手也不能相重合，这个我们很容易想到，就像我们试图把左手放进右手手套一样，或者反之。也有其他物质具有类似于手的性质，它们被称为**手性物质**［chiral material，该术语来源于希腊语χείρ（chéir），意为"手"］。**手性**是指某些物体不能与其镜像相重合。

　　另外，有一些分子也具有手性，也就是说它们可以以两种形式存在，彼此互为镜像。我们把分子互为镜像的物质定义为**对映异构体**（简称对映体，enantiomer）或**旋光异构体**（optical isomer）［一般我们把那些由相同原子组成，但结构不同的化合物互称为同分异构体（Isomer）］。

　　对映异构体的化学和物理性质几乎完全相同，但只有一种性质除外，就是它们对偏振光的作用不同。如果它们被偏振光击中，它们会使光的偏振平面向相反方向旋转。我们可以通过特殊仪器——**偏振计**（polarimeter）来显示这种差别，它可以测量偏振平面的旋转角度。这个角度叫作**旋光度**（rotatory power）。将光的偏振面向右旋转的对映异构体称为**右旋体**（dextro isomer），而向左旋转的对映异构体称为**左旋体**（levo isomer）。我们通常把能使光的偏振平面旋转的物质称为**光学活性物质**（optical active substance）。

　　法国化学家路易斯·巴斯德（Louis Pasteur，1822—1895）是第一个意识到这种现象存在的人。1849年，只有26岁的他在研究葡萄酒生产过程中的副产品——酒石酸盐类时，发现这些盐类的水溶液没有光学活性，也就是说它对光的偏振平面没有影响。巴斯德用偏光镜观察这些盐的晶体，发现了两种互为镜像的晶体。他极度耐心地用镊子将互为镜像的晶体分离出来，并分别溶解。得到的结果是两份溶液分别将偏振光的平面旋转到相反的方向。巴斯德因此证明了酒石酸盐类中对映异构体的存在。含有互为镜像的两种晶体的溶液没有光学活性，称为**外消旋混合物**（racemic mixture）。

1874年，荷兰人雅可比·亨利克·范霍夫（Jacobus Henricus van't Hoff，1852—1911，1901年诺贝尔化学奖得主）和法国人约瑟夫·勒贝尔（Joseph Le Bel，1847—1930）通过假设碳原子的四面体几何结构解释了光学活性现象。要使分子具有光学活性，就必须具有**手性中心**（chiral center）。在有机分子中，典型的手性中心是所谓的**不对称碳原子**（asymmetric carbon atom），就是指具有四面体几何结构且与4个彼此不同的取代基相连的碳原子。只要交换两个取代基的位置，就可以得到一个不对称的碳原子，它是原来那个碳原子的镜像，它们俩不能重合。图9所示为具有不对称碳原子的手性分子（丙氨酸）。

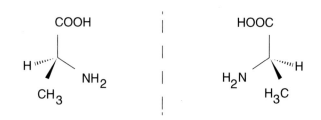

图9　具有不对称碳原子的手性分子（丙氨酸）
上面两种结构表示丙氨酸的两种对映体，它们互为镜像，不能重合

1966年，英国人罗伯特·西德尼·卡恩（Robert Sidney Cahn，1899—1981）和克里斯托夫·凯尔克·英戈尔德（Christopher Kelk Ingold，1893—1970）与克罗地亚人弗拉迪米尔·普雷洛格（Vladimir Prelog，1906—1998，1975年诺贝尔化学奖获得者）共同制定了一系列规则，允许使用描述符号R（rectus，拉丁文"右"）或S（sinister，拉丁文"左"）来标记不对称碳原子。这样，就可以明确地表示它们的构型。对于糖类和其他具有生物化学意义的分子，如氨基酸，因为它们结构复杂，我们一般不用R/S法，而是用D/L构型标记法。前缀D和L的使用以甘油醛（它的对映体的两种构型分别称为D型和L型）的两种构型为标准，取决于分子的不对称碳原子的构型是否与**甘油醛**（glyceraldehyde）的对映体构型特征相似。

螺旋型分子也可以表现出手性。右手螺旋分子是左手螺旋分子的镜像，并且不能重合，反过来也是这样。许多具有重要生物学意义的分子，如蛋白质，都具有这种结构，因此可以以对映体的两种构型存在。在自然界中，右手螺旋分子链的存在明显更多。但如果我们仔细研究氨基酸（构成蛋白质的小分子单体），就会发现氨基酸普遍是左旋。大自然对某些对映体形式的偏爱是一个有待解决的大谜团，人们提出了各种假说，但仍然没有明确的答案。

对映异构体的发现及其在分子几何学方面的解释使人们认识到，可能存在着其他与对映异构体结构非常相似的分子。这些分子中的原子互相连接的次序相同，但在空间上的排列方式不同，一般称它们为**立体异构体**（stereoisomer）。**立体化学**（stereochemistry）从三维空间揭示分子的结构，是化学学科的一个重要分支。

随着对对映异构体研究的深入，人们发现有一些分子可能含有不止一个不对称碳原子。前面提到的范霍夫推导出了一个规则，根据这个规则，如果一个分子中存在有 n 个不对称碳原子，那么就会有 2^n 种立体异构体。其中有一半，即 2^{n-1} 个分子是对映异构体，而另一半则是**非对映异构体**（diastereoisomers）。非对映异构体和对映异构体都属于立体异构。与对映异构体不同，非对映异构体具有不同的化学和物理性质，且它们的构型也不是彼此的镜像。典型的例子就是含有醛基的六碳糖（己醛糖），如最常见的葡萄糖。它们的分子中含有4个不对称碳原子，因此它们以 2^4（等于16）个立体异构体的构型存在，即8个对映异构体和8个非对映异构体（图10）。

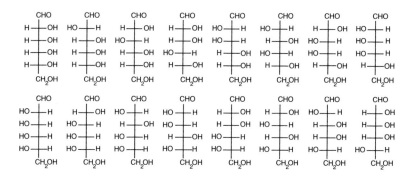

图10　己醛糖分子的16种立体异构体

两个对映异构体之间的主要区别是它们能使偏振光的平面向相反方向旋转，但它们在生物学上同样也可以有很大的差异。其中一些对映异构体与我们鼻子里的神经末梢会发生不同的相互作用，这让我们可以通过气味来区分它们。例如，一种称为**柠檬烯**（limonene）的特殊碳氢化合物能以对映异构体的形式存在，有两种构型。其中*S*构型的柠檬烯具有强烈的柠檬气味，另一种*R*构型的柠檬烯具有强烈的橙子气味。

在二十世纪五六十年代，发生了一起由对映异构体的不同生物活性造成的悲剧：沙利度胺事件。**沙利度胺**（Thalidomide）是一种药物，它作为孕妇的镇静剂和抗恶心药在市场上销售，并以40种不同的商品名称卖到50个国家。不幸的是，很多服用该药的孕妇产出了患有严重肢体畸形的婴儿，且这一比例极高。新生儿要么没有肢体，要么是**海豹肢**（phocomelia，肢体骨头发育不完全）。因此，该药于1961年从市场上撤回。投放到市场的沙利度胺是两种对映异构体的外消旋混合物。深入的研究表明，虽然其中一种对映异构体是无害的，但另一种却具有高度致畸性，会让胎儿产生严重的畸形[20]。据估计，全世界约有10 000例因沙利度胺引起的胎儿畸形症，其中德国就有6000例。

在一些特殊的化学反应中，对映异构体会表现出不同的行为，这些反应被称为**立体专一反应**（stereospecific reaction）。

除了对映异构体和非对映异构体，还有其他类型的立体异构。以乙烷分子$CH_3—CH_3$为例，我们可以围绕两个碳原子之间的键进行旋转形成不同构象。需要特别提及的是，在乙烷的无数构象中有两种极端情况。

两个碳原子上的各个氢原子正好处在相互对应的位置上，这种结构称为**重叠式构象**。两个碳原子上相对应的氢原子之间的距离最大时则称为**交叉式构象**。这两种结构都是立体异构体，但我们还可以称它们为**构象异构体**（conformational isomer）或简称**异象体**（conformer）。图11所示为乙烷的构象异构体。

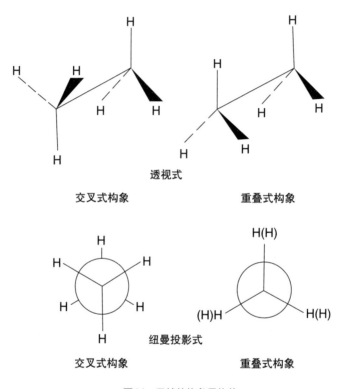

透视式

交叉式构象　　　　　　　　重叠式构象

纽曼投影式

交叉式构象　　　　　　　　重叠式构象

图11　乙烷的构象异构体

只有当碳原子之间存在允许自由旋转的单键时，这种同分异构现象才有可能发生。另一构象异构体的例子是**环己烷**（C_6H_{12}），它的异构体主要分为两种，分别称为**"椅式"构象**和**"船式"构象**（图12）。

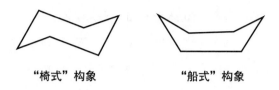

"椅式"构象   "船式"构象

图12　环己烷的"椅式"构象和"船式"构象
每个顶点代表一个碳原子，碳原子连接有两个氢原子（图中未表示出来）

如果两个碳原子之间是双键连接，则不能旋转。若两个碳原子上有相同的两个取代基，根据它们的相对位置，可以有两种不同的立体异构体。如果两个相同的取代基在双键的同一侧，则称为**顺式异构体**（*cis*-isomer），但如果在相反的一侧，则称为**反式异构体**（*trans*-isomer）。这种类型的立体异构被称为**几何异构**（geometric isomerism）或**顺反异构**（*cis-trans* isomerism），具有此特征的一般是含有双键的有机分子，即烯烃（alkene或olefin）及其衍生物，或者是不被允许围绕单键旋转的分子，如某些环链。对于几何异构体，典型的例子是**1,4-丁烯二酸**（1,4-butenedioic acid）。它的顺式异构体称为**马来酸**（maleic acid）（图13），反

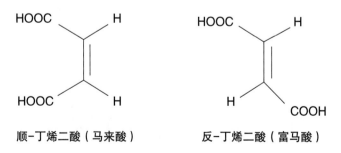

顺-丁烯二酸（马来酸）　　　　　反-丁烯二酸（富马酸）

图13　马来酸和富马酸

式异构体称为**富马酸**（fumaric acid）。这两种酸具有非常不同的性质，马来酸有毒，对我们的机体有害，而富马酸是很多生化反应中非常重要的中间体，通常存在于许多水果和蔬菜中。

1.4 上 班

● **蓝天：瑞利散射和大气现象的各种变化**

　　早餐后你就出门了。现在正值冬季，气温很低，但今天的天气很好，天空万里无云，一片湛蓝。我们对这样的天空已经习以为常，但若是想要解释清楚为什么天空是蓝色的就不是那么简单了。英国物理学家约翰·威廉·斯特拉特·瑞利（John William Strutt Rayleigh，1842—1919）[21]成功解释了这个问题。在这一现象的基础上，光的一种特殊行为被命名为**瑞利散射**（Rayleigh scattering）。当光线穿过由小颗粒（其尺寸与光的波长相当）组成的介质（如大气中的气体分子）时，它会向各个方向偏转。但根据入射光波长的不同，扩散强度也不同。瑞利发现，大气散射光的强度与入射光线波长的四次方成反比。太阳光由各种波长不同的成分（对应于彩虹颜色的色光）构成，波长较短的光受大气散射的影响较大。组成太阳光的色光波长从红光到紫光逐渐减小，因此散射能力最强的色光应该是紫光。但是由于紫光在太阳光中的强度很弱，所以散射最强的就变成了波长也很短，但光强度更

高的蓝光。所以天空呈现蓝色多亏了有大气层作为扩散介质。在没有大气的情况下，天空会呈现黑色，宇航员在地球大气层外的旅行证实了这一点。

今天的天空中没有云，但我们知道云一般是白色的，有时也会更暗。云由悬浮在空中的水滴组成，因此它们是比分子和光的波长大得多的"物体"。在这种情况下，光仍然是向各个方向扩散的，但不管波长大小如何，它们的散射程度都是一样的。另外我们还知道，所有波长的光合在一起就是白光，所以我们的眼睛看见的就是白色的云。有时候阳光无法穿透厚云层，下层的云处在阴影之中就会显得很暗。它们的大体积，尤其是它们的厚度阻碍了光线的通过，所以云朵看起来是"阴暗"的。

仔细想想这些事情你会觉得奇怪，为什么在黎明和日落的时候天空反而呈现出红色？在这种情况下，所涉及的现象不再是光的散射，而是空气中的分子对辐射的吸收。在黎明和日落时分，太阳比地平线低，太阳发出的光侧着射入地球表面，太阳光必须穿过更厚的大气层，因此大气层也就吸收了更多的太阳光。但空气中的气体分子主要吸收波长较短的光线，而波长较长的光却能安然无恙地通过。所以到达我们眼睛的光线中红光会更多。

● 道路上的冰和盐

尽管天空晴朗，但气象部门预测明天会下雪甚至可能有霜冻。为此，市政府已安排在街道上撒盐。当你走出家门的时候恰巧有一辆撒盐车经过。你的脑海中浮现出你姑姑在制作冰激凌时，将碎冰和盐混合，以此来降温的画面。但是这样一来，在道路上撒盐又有什么意义呢？不是进一步降低温度了吗？制作冰激凌的撒盐和道路除冰撒盐这两种现象虽然看起来相似，但也必须解释一下，以免大家混淆。在标准大气压下，纯水在0℃时会结冰（也可以说冰会在这个温度时融化），而盐（或其他物质）的水溶液反而会在更低的温度下结冰，并且溶液的浓度越高，凝固点越低。这种现象被化学家们称为**冰点降低**（同样，溶液的沸点也比纯溶剂高，在这种情况下我们称其为**沸点升高**）。当盐被加到冰（或雪）里时，我们会发现同时存在3种不同的物质（化学家称它们为**相**）：固体冰、固体盐以及盐融化在原有的少量水里面形成的氯化钠溶液。这3种相的共存决定了不平衡、不稳定的局面。然后冰逐渐融化，形成的水会进一步溶解盐。冰的融化过程会从外界环境中吸收热量，这样就会使物质温度逐渐降低（这就解释了为什么要用冰和盐的混合物来降低温度制作冰激凌）。最后会达到以氯化钠溶液为代表的单相组成的平衡状态。最终的温度会下降，但冰层却已经完全消失了，而这正是我们想要达到的目的。温度下降多少取决于盐的添加量。如果使用普通食盐（氯化钠），则可达到的最低温度是-21.3℃，这个值称为**共晶温度**（eutectic temperature）。一般情况下，如果将两种纯物质混合，得到的混合物的熔点会比两种纯物质的熔点低。这种特殊的混合物具有最低熔化温度，被称为**低共熔物**（eutectic mixture）。在加入氯化钠的情况下，得到的低共熔物是质量浓度约为23%的氯化钠溶液。

我们一般使用普通的氯化钠来清除道路上的冰，也可以使用氯化钙。通常我们还会将这两种盐与沙子或碎石混合，以增加地面的摩擦力，为车辆轮胎提供良好的附着力。

● 制冷板

低共熔物也应用于**低共熔片**（eutectic plate）。这是一种含有低共熔溶液的金属板，溶液可以被内部冷却盘管冷冻。冻结后的溶液马上就会从外部吸收热量，从而保证放置环境（如集装箱、冷冻食品运输车等）的制冷效果。普通的制冷板（Piastre refrigeranti），又称**冰晶盒**（siberino），也是采用同样的原理，将它放在冷冻室中冻结，然后用于保温袋和便携式冰箱的制冷。

● 汽车：汽油、碳氢化合物、内燃机

一路上想着盐、冰和共晶这些知识，不知不觉中你已经来到了车库。你上了车，然后插上钥匙，启动车子去上班。你可能觉得奇怪，但确实这次你又开启了一个化学反应。这个反应是发生在汽车气缸中的碳氢化合物的**燃烧**（或**氧化**）。碳氢化合物是由碳和氢组成的化合物，因为它们只由两种元素组成，所以化学家称它们为**二元化合物**（Binary compound）。众所周知，碳氢化

合物是当前社会重要的能源来源（也是生成无数其他化合物的基本）。根据其分子结构，碳氢化合物可分为不同的类别。分子以开链形式存在的称为**脂肪族化合物**（aliphatic compound）。而在具有闭合（环状）链的碳氢化合物中，有**脂环族化合物**（alicyclic compounds）和**芳香族化合物**（aromatic compounds）［或**芳香烃**（aromatic hydrocarbon）］。脂环族化合物尽管具有闭合碳链，但它有着与脂肪族相似的化学键。芳香族具有特殊的电子结构，赋予了它们特殊的性质（取名为"芳香族"，是因为许多这类化合物具有芳香气味；但现在化学家们认为只要此类化合物满足特定电子结构，不管是否有香味，都叫芳香族化合物）。脂肪族包含**烷烃**（alkane）、**烯烃**（alkene）和**炔烃**（alkyne），烷烃中的碳原子之间只有单键（只由一对电子构成），烯烃含有碳碳双键（2对电子），炔烃含有碳碳三键（3对电子）。

汽车使用的汽油主要是由碳原子数为5～9个的烷烃和烯烃的混合物组成，但也存在芳香烃和其他化合物（见下文）。在我们的汽车发动机中，汽油在化油器中被雾化并与空气混合。空气与汽油的混合物进入气缸后被活塞压缩，在压缩冲程结束时，气缸顶端的火花塞产生的火花使混合物猛烈燃烧。燃烧释放的能量推动活塞运动，这样的运动会通过连杆传递给曲轴。气缸中发生的燃烧是汽油中的碳氢化合物与空气中的氧气之间的燃烧反应，得到的产物主要是水（由于高温而呈水蒸气状态）和二氧化碳（但还会有其他化合物形成，会带来污染问题，见下文）。这些产物通过排气管排出，在天气寒冷时很容易发现水的排出，因为蒸气会凝结成特有的白色雾气。

为了提高发动机效率，重要的是要保证空气和汽油的混合物在压缩冲程结束之前不会自燃。如果出现这种情况，发动机就会运转不畅，用专业术语来说就是发动机**爆震**。汽油的质量是根据其抵抗压缩过程而不自燃的能力来评估的。这种能力叫作**抗爆震能力**。为了使汽油的抗爆性更可观，我们定义了**辛烷值**（octane number）这个常规量，它是每种汽油抗爆性能的指标。传统上选择两种碳氢化合物（烷烃）作为测定辛烷值的标准燃料，分别为正庚烷和异辛烷。**正庚烷**（n-heptane, normal heptane）是一种由7个碳原子组成的直链烷烃（这就是它为什么叫作正庚烷）。它的抗爆性差，换句话说就是当它与空气混合时，通过简单的压缩很容易就燃烧，因此将它的辛烷值设定为0。**2,2,4-三甲基戊烷**（2,2,4-trimethylpentane），或称**异辛烷**（isooctane），含有8个碳原子，分子结构中含有支链，抗爆性好，它的辛烷值设定为100。如果将这两种烃混合，得到的混合物将具有中等抗爆震能力（因此辛烷值也是如此）。为了确定汽油的辛烷值，我们将它的抗爆震能力与正庚烷和异辛烷的混合物的抗爆震能力进行比较，直到找出性能与该汽油完全相同的混合物。混合物中异辛烷的百分比对应着我们汽油的辛烷值。举个例子来说，如果汽油与含有95%异辛烷和5%正庚烷的混合物具有相同的抗爆震能力，我们就说它的辛烷值为95。优质汽油必须具有较高的辛烷值，而要得到优质汽油基本上有两种方法。第一种是改变碳氢化合物的分子结构。一般来说，直链烷烃（如正庚烷）的辛烷值较低，而具有支链的烷烃（如异辛烷）的辛烷值较高。所以汽油生产商就尝试通过增加支链分子的含量来提高辛烷值。为了实现这个目的，我们采用了两步工艺流程，即**裂化**（cracking）和**重整**（reforming）。裂化（字面意思是指**断裂**）是一种石油化工工艺，在加热（高温）或催化（使用特殊的固体催化剂）条件下，通过使分子链较长的烃断裂来获得短链烃。重整（字面意思是**重组**）就是通过使用特定的金属催化剂将直链烃转化为其他具有支链的烃的过程。

然而，用上述过程得到的汽油并不总是具有足够高的辛烷值。所以为了进一步提高辛烷值，还可以在汽油中添加特殊的**抗爆剂**。最早使用的汽油抗爆剂之一是**四乙基铅**（teraethyl lead），它是一种金属有机化合物，其分子由1个铅原子与4个乙基连接而成，因此它的分子式为$Pb(CH_2CH_3)_4$。1921年，任职于通用汽车公司戴顿（Dayton）实验室的托马斯·米基利（Thomas Midgley，1889—1944）发明了四乙基铅。米基利不仅受过工程师训练，是一位机械工程师，同时也是一位多产的发明家。除了发现了四乙基铅的抗爆性能，他还于1930年合成了**二氯二氟甲烷**（dichlorodifluoromethane），可作为家用冰箱的制冷剂气体。该物质由杜邦公司（DuPont）以**氟利昂**（freon）的名称在市场上销售，是第一种被广泛使用的**氟氯烃**（chlorofluorocarbon，简称CFC）。但米基利这些富有创造力的发明既成就了他，也扼杀了他。1940年，51岁的他患上了小儿麻痹症，成了残疾人。因此，他发明了一套复杂的绳索滑轮装置，使残疾人能够自己下床。1944年，他被装置的绳索缠住，窒息身亡。

● 绿色汽油

多年来，四乙基铅被广泛用于所谓的超级汽油或红色汽油中（因为此类汽油中加入了红色染料来区别于其他汽油，所以叫它红色汽油）。但是铅是一种毒性极强的重金属，人们后来意识到铅通过汽车尾气不断地排放到环境中，造成了严重的污染问题（米基利本人也出现了铅中毒的症状）。因此，红色汽油逐渐被绿色汽油（添加了另一种染料制成）取代。这两种汽油在意大利共存了一段时间。从2002年1月1日起，红色汽油正式退出市场。目前市面上唯一可用的汽油是绿色汽油。与红色汽油不同，绿色汽油不含四乙基铅，通常会使用其他添加剂来提高辛烷值。刚开始是加入大量的芳香烃［如苯（benzene）］作为添加剂。但这些化合物具有致癌性，因此人们也一直在减少它们的使用。目前，常用的添加剂之一是**甲基叔丁基醚**（methyl tertiary butyl ether，MTBE）。MTBE的一个缺点是它极易溶于水，因此如果它泄漏到环境中，就有可能造成地下水污染。另一种会使用的添加剂是**乙基叔丁基醚**（ethyl tert-butyl ether，ETBE）。

● 催化转换器

多年以来，一直有规定新车都必须安装催化转换器（catalytic converter）。这种装置必须具有三个功能：1. 必须燃烧所有残留的碳氢化合物；2. 必须将一氧化碳（燃烧过程中可能形成的有毒气体）氧化成二氧化碳；3. 必须将氮氧化物（也是有毒气体）还原成氧气和氮气。我们所说的三元催化转换器具有全部的这三种功能。

催化转换器通常由一个钢筒组成，钢筒内有一个多孔支架（陶瓷或金属材质），支架上有一层薄薄的氧化铝（铝的氧化物），称为**洗涂层**（wash-coat）。这一薄层大大增加了与废气接触的活性表面。最后，洗涂层表面还分布有大量由铂（Pt）、铑（Rh）和钯（Pd）的混合物组成的真正的催化剂颗粒。要使催化转换器有效地工作，发动机的供给很重要。到达气缸的空气–汽油混合物必须有足够的量，以确保空气中的氧气量足以燃烧掉汽油中的所有碳氢化合物。这个空气–汽油混合物的最佳用量也必须根据油门位置、温度等情况时刻调整。为了确保这一点，我们使用了一个特殊的装置：λ **探针**（lambda sonde）。这个名字来源于希腊字母λ，代表空气量与燃料量之间的关系。λ探针是一个检测废气中氧气含量的传感器。探针将收集到的信息发送到电子控制单元，再由电子控制单元调节燃烧室内的汽油流量。催化转换器必须在250℃以上的温度下才能有效工作。此外，在汽车冷启动后的一段时间，催化转换器不能立即达到最佳工作状态，所以制造商也在尝试尽量缩短这段时间。

对于装有催化转换器的汽车，绝对要避免使用含铅汽油。铅会对催化剂造成不可逆的损害，从而失去催化作用（所谓的"**中毒**"现象）。还有其他物质也会使催化剂中毒，如润滑油中的磷和锌。因此，必须使用合适的润滑剂并检查其消耗量。另外，还要避免未燃烧的汽油与催化剂接触。所以我们就要避免用推动车辆的方法来启动发动机，如果发动机**点火失败**（misfiring），不仅要避免反复打火启动，还应避免在发动机高速运转时关闭发动机。

● 安全气囊：叠氮化钠

你的汽车是最新的车型，制造工艺完全符合欧洲的汽车污染物排放标准，在设计上也最大限度地保证了驾驶员和乘客的安全。所以，除了主动安全配置（ABS防抱死制动系统、ESP车身稳定控制系统、TCS牵引力控制系统[22]），它还有6个安全气囊。安全气囊这类重要的被动安全装置的运行同样基于化学反应。

1951年，德国的沃尔特·林德勒（Walter Linderer）申请了第一个"在发生危险时能自动充气膨胀的折叠式充气容器"的专利。同年，美国人约翰·W.海德里克（John W. Hedrik）也产生了类似的想法，并于1953年申请了发明专利。这些原始的安全装置由一个气囊组成，在发生撞击时，里面的压缩空气会使气囊膨胀。但这种气囊的主要缺陷就是膨胀速度太慢。在发生事故时，气囊必须非常迅速地膨胀起来才能起到有效的保护作用。我们通过用小型爆炸装置代替压缩空气系统解决了这一问题，而这也是至今仍在使用的技术。现代安全气囊基本上有以下几个部件：**传感器**，可以检测到由于撞击引起的突然减速；**电子控制单元**，接收传感器信号并启动雷管；**雷管**中电流通过白炽电阻产生热量，引爆胶囊中的低烈度炸药；爆炸释放出的大量气体使气囊充气；气囊的后部有孔，可在随后放出气体。在一些混合型气囊中，爆炸时还会释放出装在第二个胶囊中的压缩惰性气体。

常用的爆炸药剂是**叠氮化钠**（Sodium azide）。它是一种含有钠和氮的二元化合物（结构式见图14），化学式为NaN_3，呈白色固体，无味，有剧毒。在常温下性质稳定，但当它被加热到300℃左右时就会发生剧烈爆炸，分解出金属钠和氮气，其化学反应式为：$2NaN_3 \rightarrow 2Na + 3N_2$。

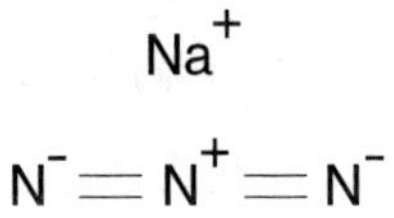

$$Na^+$$

$$N^- = N^+ = N^-$$

图14　叠氮化钠的结构式

正是释放出来的大量氮气充斥着气囊袋。另外，生成的金属钠化学活性很强，如果不处理可能会引起其他的问题。所以我们会让它与合适的试剂反应，立即转化为化学性质不活泼的硅酸钠。

叠氮化钠的爆炸使安全气囊以约320千米／小时的速度在30～50毫秒的时间内迅速膨胀，这可能会使驾驶员或乘客的头部受到强烈的后推力。因此，一定要系好安全带，座位上的头枕要有适当的厚度和形状，防止脑挫伤。安全气囊一旦使用就必须更换，不能重复使用。

20世纪60年代汽车安全气囊开始使用，但直到80年代以后才得到大规模推广，最开始汽车只使用了正面安全气囊装置，后来还增加了侧面的防撞安全气囊。

根据一些统计数据，安全气囊的使用使正面撞击的死亡率降低了30%。所有因安全气囊而活下来的人，都应该感谢安全气囊里的这个化学反应。

● 玩具与化学

停好车后你还得走上几百米才能到办公室。途中你经过一家文具店，里面也卖玩具。幸好这家店已经开门了，而今天你是提前出门，所以时间还早。你想趁机去逛一逛，因为你想带一份礼物回去送给你儿子，他昨天在学校里的考试取得了好成绩。你走进去开始四处挑选。现在几乎所有的玩具都是由塑料制成的，你不禁会想到这些合成材料的背后有多少化学知识呀！我们将在第三章第2节中更详细地讨论塑料。

店里有一个架子是专门用来摆放老式玩具的，就跟你小时候玩过的那些一样，这些玩具现在依然很受孩子们的欢迎。另一个架子上有许多泡泡瓶。每个瓶子里都有溶液和一根用来吹泡泡的带圆圈的塑料棒。

里面的溶液通常使用的是肥皂水或其他清洁剂的水溶液。如果你想吹出很大的泡泡，可以按照以下配方配制溶液：按体积计算，将10%的洗涤剂、84%的蒸馏水或去离子水和6%的甘油混合。溶液配制后需要搅拌但不能摇晃，以免形成泡沫。为了获得更持久的泡泡，我们可以增加洗涤剂的量和（或）甘油的量。但是，如果洗涤剂的浓度超过了12%，气泡反而变得不持久。甘油用于增强形成气泡的液膜，使用糖也可以达到同样的效果，但最好使用等量的水和糖加热制成的糖浆。在有糖浆的情况下，制作泡泡水的有效配方是：将甘油、洗涤剂、糖浆按照4：2：1的比例混合。使用蒸馏水（或去离子水）能有效避免自来水中金属离子的干扰。就像我们在第一章第2节中已经看到的那样，在一个简单的肥皂泡背后有着非常有趣的科学知识。

靠近泡泡的架子上摆着的是彩色气球。它们由天然橡胶制成，而天然橡胶是**异戊二烯**（2-甲基-1,3-丁二烯，2-methyl-1,3-butadiene）的聚合物（见第三章第2节）。长长的聚合分子链被折叠并连接在一起，形成一张极富弹性的网。当我们给气球充气时，最初以完全的随机方式取向的聚合分子链，因为可以围绕碳原子间的单键进行内旋转而变长。气球的膜看似完全不透水，但实际上它有一定的孔隙率，这也是为什么在一定时间后气球会慢慢瘪掉。

魔术师经常利用橡胶的独特性能来玩花样，比如将针刺入膨胀的气球，但气球不会破裂。

要做到像魔术师一样，你需要一个气球和一根长约45厘米的针或者一根长竹签（用于烧烤的竹签）。气球不需要完全充满气体（约为最大尺寸的2/3），针（或竹签）必须涂上油。这时将针插入气球最厚的地方（气球底部），再让它从气球口打结处附近出来。如果你的操作都正确，那么气球即使被刺穿，它也不会爆裂！一旦针头被拔出就会有两个小孔，空气就会从这两个小孔中出来。你可以将气球抛向空中然后用针将其刺破，来避免被他人看穿，发现气球在漏气。

当你继续在商店里逛的时候，你看到了一款小时候的玩具。你已经很多年没见过这个玩具了。它的注册商标是Silly Putty®（复活蛋弹力彩泥）。

它是一种粉红色的胶状物，装在一个小小的蛋形容器中包装出售。彩泥有独特的性质：如果你慢慢地拉扯它，它就会伸长，形成细丝；如果你用力一拉它就会断开；如果你把它塑成球状扔在地上，它就会像普通的橡皮球一样弹跳；如果你用力把它塞进管子里，它就会膨胀到从管子的另一端出来；如果你把它压在一张报纸上，拿起来之后它的表面就会印上报纸上的内容，因为它吸收了部分印刷的油墨。最新版本的彩泥中还添加了磷光物质，使它能在黑暗中发光。1941年，通用电气公司的化学家首次创造出这种磷光物质。他们的目标其实是想制造出一种硅基合成橡胶。虽然他们没有成功，但由于制造出来的这种磷光物质性能独特，所以这种物质就被当作玩具使用和销售。从化学角度来看，彩泥是一种硅基聚合物。**硅酮**（silicone），又称**聚硅氧烷**（polysiloxane），是一类以重复的硅氧键为主链，硅原子上直接连接有机基团的聚合物。1907年，英国化学家弗雷德里克·基平（Frederick Kipping，1863—1949）合成了第一种硅酮。彩泥之所以有黏弹性，是因为它是一种**非牛顿流体**（non-Newtonian fluid）。与其他流体不同，彩泥的黏度不随温度而变化（如牛顿所述）。但是，当彩泥受到急速的机械应力（如被剧烈地拉扯或撞击到地板）时，它的黏度就会增加。我们在家也可以轻松制得非牛顿流体，只需要将玉米淀粉与水混合就行。我们甚至还可以将这种物质装满在一个浴缸里来进行一个特别的实验，我们要从这种物质上走过去。如果你走快一点，你就能成功地从这些物质表面通过而不下沉。但如果稍作停留，你就会沉入那白色的糊状物质中！

史莱姆水晶泥（slime®，也是一个注册商标）已经流行有一段时间了，因此现在商店里已经很难找到彩泥了。水晶泥看起来像果冻，相当黏稠滑腻，有各种各样的颜色（有时通过添加硫化锌可使其发出磷光）。水晶泥还可以捏成怪兽形状，或者捏成看起来很恶心的东西，但这种材料是完全无害的（只要是由良心公司精心制作的）。与彩泥一样，水晶泥也是一种非牛顿流体。它是由从植物中提取的特殊橡胶制成的，这种植物叫作**瓜尔豆**（*Cyamopsis tetragonolobus*），是一种类似大豆的豆科植物。提取出来的胶称为**瓜尔胶**，由长长的多糖链（见第一章第3节）组成，而多糖链又由两种单糖——**D-甘露糖**（D-Mannose）和**D-半乳糖**（D-Galactose）以2∶1的比例形成。然后将**四硼酸钠**（sodium tetraborate），或称**硼砂**（borax，$Na_2B_4O_7$）加入瓜尔胶中，这有助于聚合链之间的化学键的形成。除了用于制作玩具，水晶泥还可用于制作食品、奶油和牙膏的保护膜。我们可以用聚乙烯醇（polyvinyl alcohol）和硼砂的溶液自制水晶泥，在里面添加食用色素还可以增加颜色。较黏稠的水晶泥有时也被称为**弗拉伯**（Flubber）。

　　在另一个架子上，你看到了所谓的魔法蛋。它是一个蛋形容器，里面装着一个小塑料玩具。把魔法蛋浸入水中，它的体积会增大至200倍。这种不寻常的现象是由**高吸水性聚合物**（superabsorbent polymer）引起的。这些物质可以吸收大量的水，产生类似于冰的半透明凝胶。其中有一种材料叫作**超级吸湿材料**（Super-Slurper），由水解的**淀粉-聚丙烯腈**（starch-polyacrylonitrile）共聚物组成。这些物质不仅被用于儿童纸尿布、园艺（保持植物的水分）中，还常用于魔术师的表演中。

　　最后，你在商店的橱窗里看到了荧光手环和荧光棒（lightsticks）。

这两种玩具都有柔软的塑料外壳，内置有玻璃细管，里面装着第一种试剂，而第二种试剂则装在玻璃细管和塑料外壳之间的缝隙中。当玻璃细管被打碎后，两种试剂就开始接触并产生化学反应，从而发出光来。这是**化学发光**（chemiluminescence）现象。萤火虫在不知不觉中利用了类似的发光原理。萤火虫属于萤科（*Lampyridae*），它们的身体是真正的化学实验室，里面会发生复杂的化学反应而发光。现在人们已经很清楚萤火虫的发光机制了：**萤光素**（luciferin）这种物质，在一种叫作**萤光素酶**（luciferase）的**辅酶**（coenzyme）作用下发生特殊的氧化还原反应，该反应以电磁辐射的形式释放能量，而释放出的能量的频率属于可见光区域，因此就有了萤火虫发光现象。除了萤火虫，也有其他生物体具有类似的特性。例如：属于海洋腰鞭毛科的**夜光虫**（*Noctiluca miliaris*）、钵水母纲（*Scyphozoa*）的**夜光游水母**（*Pelagia noctiluca*）和一些陆生蠕虫品种。

化学家了解许多发光反应。现在人们对化学发光现象已经有了全方位的了解，甚至还有一门专门的学科——**光化学**，用于研究光与化学反应之间的关系。因此，在实验室中重现类似萤火虫发光的化学反应也成为可能。比如，一种叫**鲁米诺**［luminol, 5-氨基-1,2,3,4-四氢酞嗪-1,4-二酮（5-amino-1,2,3,4-dihydrophthalazine-1,4-dione）］的物质在碱性环境中很容易被过氧化氢氧化，从而发出美丽的浅蓝光。

荧光棒和荧光手环的玻璃管中一般装着**邻苯二甲酸酯**（phthalic acid ester）溶剂中的过氧化氢（双氧水）稀释溶液。第二种试剂由**苯基草酸酯**（phenyl oxalate ester）和荧光染料［9,10-双（苯乙炔基）蒽〕〔9,10-Bis (phenylethynyl) anthracene〕的溶液组成。当玻璃细管破碎时，过氧化氢和苯基草酸酯发生反应，形成苯酚和一些寿命较短的中间化合物。在反应过程中，释放的能量传递给染料分子，染料分子受到激发，以光的形式重新释放能量，恢复到原始状态。

在逛完玩具店后，你并没有找到孩子会喜欢的东西，所以你选择送他电子游戏，今天晚上就去买。刚刚的这一切确实唤起了你很多童年的记忆，而且你又学会了一点化学知识。

拓展：石油化学

噢，汤森，就像抽水那样把油从地下抽出来？怎么可能？真是胡说八道！简直是疯了[23]。

这是在1855年前后，别人对银行家詹姆斯·汤森（James Townsend）说的一句话，当时他同意资助一位年轻的纽约律师乔治·比塞尔（George Bissell），这位律师决定在宾夕法尼亚州（Pennsylvania）进行一系列的钻探以寻找石油（他们当时称为"石头油"）。比塞尔的想法是从新的矿物油中提炼出一种能够供灯使用的燃料，以替代当时使用的从煤中获得的燃料。在当时确实很难想象石头油，也就是石油会在未来现代化社会中扮演什么样的角色。我们的工业社会几十年来一直依赖石油。人们经常将石油作为一种基本的能源，但我们绝不能忘记，石油首先是我们化工原料的宝贵来源。所以我们说石油化学是指以石油或天然气的衍生物为原料的工业化学的分支。

自古以来，人们就知道石油这个东西。希腊人用 νάφθας（náphthas）一词来表示石油，并将其用于战争。他们制造了所谓的"希腊火"（流体火焰），这是一种由多种成分组成的混合物，一旦点燃就无法用水扑灭。另外，马可·波罗（Marco Polo，1254—1324）在《马可·波罗游记》（*Il Milione*）中证明了石油在东方也被人们所知晓。然而几千年来，人们对石油的开发应用都只是皮毛，只有当人们掌握了能够利用于石油的新知识和新技术时，石油才成为一笔非凡的财富。而在此过程中，化学发挥了重要作用。原油是一种油状液体，不同原油的密度和黏度各不相同。颜色可以从黄色到深褐色、黑色不等，并且还可能伴有荧光。从化学角度看，它是由非常多的成分组成的混合物。这些成分可根据产地的不同而不同。但无论怎样，它的主要成分还是碳氢化合物。这些化合物大部分为液态，其中也含有溶解的固态和气态碳氢化合物。另外，原油中还有少量的含氧化合物、含硫化合物和含氮化合物，有时还有少量的金属，如镍、钒、钴、铬、镉、铅、汞等。

大家普遍认为，石油是被困在地下土壤中的生物物质经过转化而形成的（**生物地理理论**）。靠厌氧菌（其新陈代谢不需要氧气）的作用，再加上温度和压力的影响，随着时间的推移，生物分子发生降解，这一系列的过程决定了原油中有机物的组分。也有人提出了石油的**非生物起源理论**，但在科学界几乎不受认同，难以站得住脚。

碳氢化合物根据分子结构可分为不同的类别。最简单的是**烷烃**或**石蜡烃**（**链烷烃**，paraffin）。烷烃的碳原子之间以单键结合，形成开放的链状结构，因此具有通式C_nH_{2n+2}，$n = 1, 2, 3, \cdots$。如果在分子结构中出现碳碳双键，我们就称它为烯烃。带有一个双键的烯烃的通用分子式为C_nH_{2n}。如果分子中有2个双键，就称为**二烯**（diene），如果有3个就称为**三烯**（triene），以此类推。另外，分子结构中有碳碳三键的称为**炔烃**，只含有一个三键的炔烃的通式为C_nH_{2n-2}。烷烃、烯烃和炔烃属于常见的脂肪烃类，都具有开链结构。如果链是闭合的，形成了一个环状，就成了**脂环烃**（alicyclic或cycloaliphatic），这类化合物又可细分为**环烷烃**（cycloalkane）、**环烯**（cycloalkene）和**环炔**（cycloalkyne）。如果分子除了具有闭合链，还具有特定的电子结构，那么就称为**芳香烃**或**芳烃**（arene）。**苯**、**萘**（naphthalene）、**蒽**（anthracene）等属于芳香烃。碳原子间只有单键的烃称为**饱和烃**（saturated hydrocarbo），含有双键或三键的烃则称为**不饱和烃**（unsaturated hydrocarbo）。

如前面所述，原油的成分也受开采地影响。原油一般平均含有30%的烷烃、40%的环烷烃、25%的芳香烃和5%的其他物质。

原油经钻井开采后，在炼油厂进行各种处理。经过除水和脱盐（按需要进行）过程后，原油要进行**分馏**（fractional distillation），分馏可以在常压（**拔顶蒸馏**）或减压（**真空蒸馏**）下进行。这个过程根据不同成分的不同沸点在特殊的设备（**分馏塔**）中进行。通过这种方式可以获得一些主要产物——**馏分**（fraction），如LPG（液化石油气）、汽油、煤油、柴油、润滑油、沥青、蜡和石蜡（石蜡是由碳原子数含量较高的烷烃组成的混合物，因此在室温下是固体）。然后还可以对上述单个产物进行特殊处理：例如，对汽油进行**裂化**和**重整**（见第67页），对柴油进行**脱硫**处理等。

石化工业本身就是以炼油厂的各种馏分为原料获得半成品，再由二级或精细化工行业使用[24]。石化产品的数量巨大，只需要想想我们每天直接或间接使用的药品、塑料、树脂、合成纤维、染料、杀虫剂和无数其他的物质就知道了。所以石油代表了珍贵且不可替代的矿产资源。但我们必须时刻记住，它是一种有限资源。估算世界石油的储量相当困难，而且具有很大的不确定性。但我们可以肯定的是，石油资源迟早会被耗尽。所以将石油作为燃料似乎并不是一个很明智的选择。有人说，燃烧石油生产能量就像烧古董家具为房屋供暖一样。如果考虑到石油的形成需要数千万年的时间，上面的比喻似乎非常贴切。在一些领域中，目前似乎很难找到石油的有效替代品，但在其他领域确实存在替代方案，更不用说石油衍生品的燃烧所带来的环境问题了。所以归根结底，如果人类少用石油作为原材料储备，并尝试使用其他可能同样高效的能源，那就明智多了。

1.5 办公室

● 纸张和废纸：纸张中的化学

经过一小段路程，伴随着对蓝天、冰、盐、汽油和安全气囊沉浸式的思考，你来到了办公室。虽然每天早上都能看到办公桌上乱七八糟的样子，但你仍然会惊叹于有这么多废纸。在没有电脑之前，情况更加糟糕。信息技术的出现大大减少了纸质文件的流通和数量，但纸这种材料仍然作为传递信息的媒介发挥着重要作用。

在古代，最早用于绘画和书写的材料是石头和泥板。自公元前3000年以来，埃及人就使用莎草纸作为书写材料，这种材料由同名的沼泽植物纸莎草（*Cyperus papyrus*）的茎制成。希腊人和罗马人也使用莎草纸。从公元3世纪起，羊皮纸的使用开始普及。羊皮纸由羔羊皮、绵羊皮或山羊皮经石灰浸渍后干燥打磨而成。真正意义上的纸张是由中国人发明的，并于12世纪开始大规模传播。

一般来说，纸是由各种纤维混合压缩（**毡合**）而得。中国人最开始以蚕茧为原料，后来改进为用桑科植物（例如构树，

Broussonetia papyrifera）和其他植物的皮。已知最早的纸张样本可以追溯到公元150年，是用破布制成的。从8世纪开始，纸张的使用首先在日本和小亚细亚传播，然后在地中海非洲、西班牙和后来的整个欧洲传播。

阿拉伯人将纸张引入欧洲，在西班牙和意大利的西西里岛建立了最早的造纸厂。12世纪，波利瑟·达·法布里亚诺（Polese da Fabriano）在博洛尼亚（Bologna）附近的雷诺（Reno）河边建立了一家造纸厂。1455年发明的活字印刷术①推动了随后几个世纪的纸张生产。1798年法国发明家尼古拉斯·路易斯·罗伯特（Nicolas-Louis Robert）发明了第一台造纸机，然后在1803年由英国的出版商兄弟乔治·福德里尼埃（George Fourdrinier）和西利·福德里尼埃（Sealy Fourdrinier）进行了完善。在当时，纸张用破布来制备，但很快由于产量的增加导致了原材料的匮乏，于是他们尝试寻找新的原材料。1840年左右，人们开始使用木头造纸。时至今日，大部分纸张也仍是由木头制成。

木材是一种含有多种物质的复合材料。其中主要有纤维素（cellulose，约45%）、半纤维素（hemicellulose，约30%）、木质素（lignin，约20%）及其他挥发性较强的成分（约5%），如萜烯、树脂、脂肪酸。我们在第一章第3节中已经提到，纤维素是一种多糖，由葡萄糖分子通过β-1,4糖苷键（β-1,4 glycosidic bond）连接组成，然后这些葡萄糖分子聚合链通过氢键相互平行地结合在一起（图15）。

---

① 此处指古腾堡（Johannes Gensfleisch zur Laden zum Gutenberg）于1455年发明的西文活字印刷术。——编者注

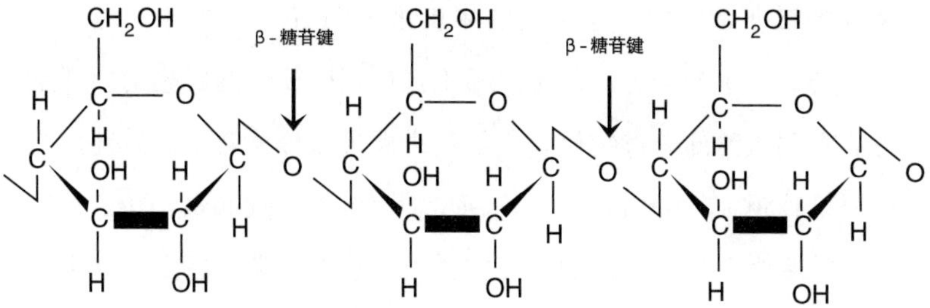

图15　纤维素分子链结构

半纤维素也是一种多糖，但结构比较不规则。纤维素只由葡萄糖分子构成，但半纤维素的构成中还含有其他单糖。另外，它是支链结构而非纤维结构。木质素是一种主要由酚类单体组成的复杂聚合物。其中的单体主要有**对香豆醇**（*p*-coumaryl alcohol）、**松柏醇**（conifery alcohol，4-羟基-3-甲氧基肉桂醇，4-hydroxy-3-methoxycinnamyl alcohol）和**芥子醇**（sinapyl alcohol，4-羟基-3,5-二甲氧基肉桂醇，4-hydroxy-3-dimethoxycinnamyl alcohol）。

为了制备纸张，必须去除木头成分中的木质素。这可以用机械方法和化学方法来实现。

在机械方法的处理（**磨解**）中，通过将去皮后的木材（杨木或杉木）紧压在磨木机的旋转磨石上粉碎来磨解木材纤维。处理后就得到了一种类似于锯屑的糊状物（称为机械浆），然后经过精制以使纤维更细小，随后进行漂白。所谓的化学浆（或称为纤维木浆），就是将削成片的木材与适当的试剂（如氢氧化钠和硫化钠）放于高压釜内，在高温下经过蒸煮制得。在此过程中，木质素和其他物质被去除，得到了几乎纯净的纤维素。由这种纸浆制成的纸非常结实，这也是制**牛皮纸**（Kraft，在德语中是"结实"的意思）的工艺。但是这种工艺过程中使用的硫化钠会产生带有臭鸡蛋味的有毒物质硫化氢，进而带来环境问题。另外，此过程只有50%的木材被转化为纸浆，所以纸张产量很低，还会产生大量的废水。但是，我们也在尝试利用这些废料产生能量以用于工艺生产过程本身。

所谓的半化学浆是由阔叶木（山毛榉和杨树）的木片经过类似于化学浆的工艺生产出来的。但半化学制浆是不完全的蒸煮，也就意味着有一定量的木质素残留。半化学浆的质量不如化学浆，通常用于制造新闻纸、印刷纸、瓦楞纸板等其他产品。最后，还有所谓的"高得率浆"，制作这种木浆无须分离木质素，只需要通过化学处理（有时还需要高温蒸煮）将其软化即可。

木浆制得后就要进行**漂白**（beaching）。过去使用的漂白剂的成分为次氯酸钠（$NaClO$）或二氧化氯（ClO_2）。现在为了避免水污染则使用过氧化氢（H_2O_2）作为漂白剂，并将废水回收处理。

漂白后的木浆要进行打浆。用滤网处理悬浮在水中的纸浆纤维，水从孔隙中漏出去后纤维则沉淀在滤网表面。在造纸厂中，一系列的辊棒带动滤网循环运转，从而使整个过程得以连续。纸浆纤维层经干燥、压制后，卷成卷或切割后叠在一起。放置水和纸浆纤维混合液的容器叫**打浆机**（pulper）。根据要制备的纸张类型，还可以添加适量的废纸在里面，但这些废纸事先是经过净化的，或者还有可能通过蒸汽工艺脱过墨。

这样得到的原纸表面吸水性很强，不适合书写或印刷。因此必须使用各种添加剂进行特殊的表面处理。这些添加剂涂在原纸表面，形成所谓的**涂布纸**（patina）。所用的各种添加剂可以包括淀粉、聚合物〔如聚乙酸乙烯酯（polyvinyl acetate）〕或其他物质（如高岭土）。杂志纸就是这样处理制成的，印刷后的纸张涂上一层透明的胶料，就能获得有光泽的外表（就像封面一样）。涂布后，纸张必须进一步干燥，并且根据用途还可以进行其他特殊处理。

纸张一般根据克重来分类，克重是指每平方米纸的重量。克重值可以从10克／平方米（厚度为0.03毫米的纸张）到150克／平方米（厚度为0.3毫米的纸张）不等。对于厚度为2毫米的纸张，克重值可以达到1200克／平方米。普通复印纸一般为80克／平方米。

● 桌上的照片：摄影中的化学

当你还在感叹着办公桌上大量杂乱的纸张及思考着它们是什么来源的时候，你的目光停留在儿子还在蹒跚学步时的照片上。

因为是几年前的照片了，所以它是一张传统照片而非数码照片。除了回想起孩子的童年，你还想起了以前自己冲洗黑白照片的时候。摄影也有一段传奇的历史[25]值得我们简单回顾一下，以此来向大家说明一个简单的图像背后有多少化学反应。

任何相机，无论是传统相机还是数码相机，发挥功能的基础都是相机暗箱。这种光学仪器由一个带小孔（称为**针孔**）的密封箱构成，会在小孔对面的内壁上产生孔外部的倒立图像（我们的眼睛也以类似的方式工作，在我们的视网膜上产生我们看到的画面的倒立图像）。相机暗箱的发明比较早，可以追溯到11世纪。在小孔上装上透镜可以大大提高所获得的图像质量。从达·芬奇（Leonardo da Vinci，1452—1519）开始，许多艺术家通过在纸上描摹图像来准确地体现真实感。而困扰很多学者的问题就是如何把从暗箱中得到的图像固定下来而不用重新进行描摹，这直到19世纪才开始取得可喜的成果。

1725年，德国科学家约翰·海因里希·舒尔茨（Johann Heinrich Schulze，1687—1744）将石膏、银和硝酸混合，得到了一种在光照下会变黑的物质，他称它为"黑暗的携带者"（scotophorus）。

英国科学家托马斯·韦奇伍德（Thomas Wedgwood，1771—1805）与同是英国人的化学家汉弗莱·戴维爵士（Sir Humphry Davy，1778—1829）合作，成功地用银盐将图像固定在皮革或玻璃上，这就是所谓的"光照图像"。

从1816年开始，法国人约瑟夫·尼塞尔·尼普斯（Joseph-Nicéphore Niépce，1765—1833）和他的哥哥克洛德（Claude）一起把注意力集中在氯化银的性质上。实际上，这种盐对光很敏感，会因为金属银的释放而变黑。他将这种化合物在纸张和其他物品上做了多次尝试。尼普斯还研究了犹太沥青的性质。1826年，尼普斯将这种物质涂抹在一块锡板上并曝光约8小时，成功地获得了一张图像，这张图像展示了他在勒格拉斯（Le Gras）[位于圣卢普德·瓦伦内斯（Saint-Loup-de-Varennes）附近]的工作室的窗外的屋顶景色，这是目前已知的最古老的照片，保存在得克萨斯大学奥斯汀分校（University of Texas at Austin）的哈里兰森（Harry Ransom）中心。尼普斯称他所获得的图像为日光图（Heliograph）。大约在同一时间，法国艺术家和化学家路易斯·雅克·曼德·达盖尔（Louis-Jacques-Mandé Daguerre，1787—1851）也开始尝试固定暗箱的图像，并与尼普斯开始了书信往来。1829年，尼普斯和达盖尔共同成立了一家公司，专门从事新摄影技术的开发。1837年，在尼普斯去世后，达盖尔成功地开发了一种新技术，这种技术后来被称为**达盖尔摄影法**或**银板摄影法**（daguerreotype）。该技术是将镀银的铜板暴露在碘蒸气中，在表面形成一层碘化银（光敏材料），经过长时间的曝光后，再用水银蒸气对板子进行处理，使之前暴露在光线下的区域变白，最后用硫代硫酸钠（Sodium Thiosulfate）溶液处理，消除碘化银的残留使图像稳定。但要观察所产生的图像，必须从一个可以适当反射光线的角度观察。此外，这些铜板比较脆弱不牢固，所以必须放在玻璃板下存放。在达盖尔之前的几年，英国人威廉·福克斯·亨利·塔尔博特（William Fox Henry Talbot，1801—1877）曾取得了有趣的成果。他先用氯化钠，再用硝酸银处理一张纸，得到的纸张表面有一层氯化银，使纸张变得对光敏感。将某些物体（如布料花边或羽毛）放在纸上，再放在光线下照射，这样就可以固定物体的影子。塔尔博特称这些图像为"**影子摄影**"（sciadografia，来自英文阴影"shadow"）。但是，塔尔博特无法解决一个问题，那就是这些图像无法永久固定住，显像时间很短，一段时间后就会消失。这个问题的解决要归功于德国人威廉·赫歇尔（William Herschel，1738—1822），他选择用硫代硫酸钠处理图像，并引入了"定影"（fixation）一词，这个词至今仍在使用，表示对摄影图像进行稳定处理。同样也是赫歇尔引入了"照片"（photography）一词来表示用光获得的图像。正如我们前面所看到的，这种图像在以前有各种不同的叫法。

达盖尔希望将其发明用于商业用途，但同时他不想透露银板摄影法的技术方法。于是他想到了求助于法国政府，政府必须购买版权并让大家都能使用这项发明。他找到了物理学家弗朗索瓦·阿拉果（François Arago，1786—1853），他既是著名的科学家，也是君主制政府议会中的左翼反对派代表。1839年，阿拉果将达盖尔的发明交给了法国科学院，并意外引起了当时的内政部部长坦内盖·杜沙泰尔（Tanneguy Duchâtel）的兴趣。部长之所以感兴趣，是因为想到能够将达盖尔的发明用于司法领域，记录罪犯的信息。因此，这项发明被法国政府购买，达盖尔获得了金钱和荣誉，尼普斯的儿子也获得了终身年金。

从19世纪下半叶开始，摄影技术发展迅速。1851年，英国人弗雷德里克·斯科特·阿彻尔（Frederick Scott Archer，1813—1857）提出了一种用湿润的火棉胶（在乙醇中加入硝化棉）进行摄影的方法（火棉胶摄影法）。这种方法可以获得比银板摄影法更清晰的图像，最重要的是用底片可以大量印制出相同的照片。

1859年，德国化学家和物理学家罗伯特·本生（Robert Bunsen，1811—1899）和英国化学家亨利·恩菲尔德·罗斯科（Henry Enfield Roscoe，1833—1915）引入了镁闪光灯，可在极短的曝光时间内拍摄照片（镁闪光是一种化学反应：镁粉和空气中的氧气发生反应而产生出非常强烈的光线）。

1861年，英国物理学家麦克斯韦通过加色法，用3种不同颜色（红、绿、蓝）的滤光器第一次拍摄出了彩色照片。相反，1869年，法国人路易斯·迪克·迪奥隆（Louis Ducos du Hauron，1837—1920）则提出了减色法。在这些发明问世的同时，摄影设备的构造技术也取得了相当大的进步。

银盐，尤其是由银和卤素组成的卤化银的独特性质是传统胶片摄影的基础。卤素（halogen）是元素周期表中第七主族的元素：氟、氯、溴和碘（还有砹，但由于其具有放射性，所以摄影中不使用）。当存在于感光乳剂颗粒中的卤化银受到光的照射时，它会部分分解出金属银。每一颗曝光的颗粒释放的金属银非常少，几乎看不见。所有感光颗粒的集合构成了所谓的**潜影**（latent image）。之所以称为潜影，是因为它是一种看不见的影像。为了使其真实可见，必须进行**显影**（develop）操作，即用还原性物质［通常使用**对苯二酚**（hydroquinone）］处理乳剂。显影液会使（已经形成过银的）感光颗粒释放出额外数量的银，而对没有感光的颗粒没有影响。这样，胶片上就出现了由黑色金属银沉积形成的真实图像。曝光比较多的地方会显得比较暗，没有曝光的地方就会显得比较明亮，这就是**负像**（negative image）。但是这种图像在光照下是不稳定的，因为残留在照片上的卤化银见光后仍能感光而变黑。这时就需要进行第二次处理彻底消除卤化银：也就是所谓的定影。定影是用硫代硫酸钠（$Na_2S_2O_3$）作为定影液，硫代硫酸钠能与卤化银发生化学反应形成可溶的复合物，这种复合物可用洗涤水冲洗掉，这样就可以得到带有负像的胶片了。要得到**正像**（positive image，也就是与拍摄场景一样）就必须进行印刷。可以直接将胶片与相纸接触或者是用放大灯将放大的胶片图像投射到相纸上，然后再进行照明。相纸和胶片一样，也有一层以卤化银为基础的乳剂。相纸曝光后就将其依次放入显影液和定影液中，最后得到正像。正像中曝光多的部分较亮，曝光少的部分较暗，就像在现实中一样。

为了获得彩色照片，我们使用了3层叠加的卤化银（感光乳剂），每一层都加入了一种特殊的染料。还有一种特殊的显影液，叫作**显色剂**（cromogeno），它除了还原卤化银外，还能使各敏感层形成颜色。这样就得到了带颜色的负像，随后的印刷再产生正像。如果你愿意，还可以通过特殊的**反转冲洗**（reversal development）在胶片（反底片）上立即获得正像。

● 数码摄影：CCD传感器和CMOS传感器

如今，传统的"化学"摄影在很大程度上被数码摄影所淹没，几乎成了回忆。即使是柯达（Kodak）这样的工业巨头，也因无法适应新技术而为其缺乏远见付出了惨重的代价。但是，要是有谁认为化学与今天的数码摄影无关就大错特错了。首先，构成数码相机电子元件的材料中就有很多化学成分。与传统相机不同的是，数码相机没有胶卷，而是采用光敏传感器将光信号转化为电信号，从而转化为数字图像信息。这些传感器基本上可以分为两种类型：CCD传感器（Charge Coupled Device，**电荷耦合器件图像传感器**）和

APS-CMOS传感器（Active Pixel Sensor-Complementary Metal Oxide Semiconductor，**互补金属氧化物半导体-主动式像素传感器**）。CCD传感器也被广泛应用于扫描仪（就像放在你办公桌上靠近你孩子照片的那台机器一样）和传真机中。

CCD（电荷耦合器件）是于1969年由著名的贝尔实验室（Bell Labs）的维拉·博伊尔（Willard S. Boyle，1924—2011）和乔治·史密斯（George E. Smith，生于1930年）所发明的。次年他们研制出第一台原型机，并于1975年制造出了第一台带CCD传感器的摄像机，其画质适合电视拍摄。此后，CCD传感器迅速普及，现在已经成为所有能够摄像和摄影的数码设备的核心。2009年，博伊尔和史密斯也因此发明而获得诺贝尔物理学奖。CCD传感器是在进行P型掺杂的硅片（半导体）基础上制成的（见第一章第1节）。在硅片表面覆盖薄薄的一层二氧化硅作为绝缘层。二氧化硅层上面是微小的电极，称为**栅极**（gates）。当光线照射到CCD传感器上时，单个光子会从硅中释放出电子（**光电效应**）。由于相邻栅极之间的电势差，这些电子都积累在"单元"中。每一个单元都构成了一个**感光的图像元素**（light-sensitive picture elements）或者说**像素**（pixels），也就是图像被分解并随后重建的最小单位。然后，积累在CCD传感器中的电子电荷（入射光越强，电荷越多）会被送到电子控制电路中进行处理。进行这种处理的组件是**读出装置**（readout station）。

我们也可以了解一下CCD传感器是如何传回彩色图像的，这非常有趣。每个像素都被彩色滤光片覆盖，只有特定颜色的光线通过才是透明的。这样一来，只有当像素被与滤光片一样颜色的光照射到时才会被激活。通过红、绿、蓝三种颜色的滤光片的特定分布（**拜耳滤色阵列**，filtration pattern di Bayer），就可以知道到达CCD传感器每一个点的红、绿、蓝三色光的强度。这些信息一旦被数字化，就可以在计算机或其他设备的显示器上重现彩色图像。通过红、绿、蓝三色（**三色版印刷**，tricromia）的叠加混合，可以得到多种颜色，从而使得到非常逼真的图像。

APS-CMOS传感器（主动式像素-互补金属氧化物半导体传感器）是20世纪60年代由在奥林巴斯（Olympus）公司工作的中村恒（Tsutomu Nakamura）发明的，并在随后的几年里由其他研发人员进一步完善。它由一个集成电路和一个像素矩阵组成。每一个像素内都包含一个光传感器和一个信号放大器，放大器的功能是加强单个像素的信号，因此，这被称为**主动式像素**（active pixel）。而在集成电路中有一个模拟数字转换器和一个数字控制器。

CCD和APS-CMOS传感器的主要区别如下：CCD图像质量较高，噪声较小，而CMOS的噪声较大；CCD功率消耗较大，而CMOS允许低功耗工作；CCD的价格要比CMOS贵一些，尽管CMOS的结构比CCD复杂。不过，近年来各家公司在技术上的巨大努力使得这两个系统具有更强的竞争力。

除了在摄影机（无论是传统的化学摄影还是数码摄影）的图像检测系统和记录系统内，化学从数码照片印刷出现那天起就一直在照片印刷中扮演着重要的角色。而现在除了使用带有各种技术（喷墨、激光、热升华等）的打印机，从数码照片开始，许多印刷厂一直在使用的方法就是将乳剂相纸通过放大机进行光学曝光，然后浸泡在药水中显影和定影。

● 影印：历史发展、光电导效应、墨粉、铁磁流体

当你处于对家庭生活的回忆和摄影技术的思考之中时，工作职责唤醒了你，你想起还有积压的工作要做呢。刚好你需要复印一份文件以便存档。你走到复印机前，放进一页文件，然后按下启动按钮。现在复印文本已经变得很平常，不再引人注目了。然而在这一系列操作的背后趣味横生，毫无疑问，就是其中的化学知识!

目前的复印机利用了**静电复印**（干印术，Xerography）技术，这个名称源自希腊语 ξερός（xerós），意为"干燥"，以区别于早期使用化学药水的复制技术。静电复印是基于物理学家、纽约专利律师、业余发明家切斯特·卡尔森（Chester Carlson，1906—1968）的想法。据说他患有关节炎但又要经常用手抄写枯燥的文件，所以他努力寻找一种有效的图文复制技术。1938年，他申请了一项专利，专利中他使用了镀有硫黄的锌板，并利用了物理中的**光电导效应**（photoconductivity）。卡尔森想将他的想法商业化，但一开始并没有成功。1944年，他从一个非营利组织那里获得了资助，凭借此资助他得以完善他的专利技术。1947年，纽约的一家小公司——哈罗依德（Haloid）公司购买了这项当时被称为**电子照相**（electrophotography）的发明专利。然而，这个名字从商业角度来看并不吸引人。因此，在一位古典语言教授的建议下，改成了静电复印机（xerography）。1948年，小企业哈罗依德注册了"施乐（Xerox）"商标，1949年开始销售第一台复印机，并取得了巨大成功。施乐公司很快就成为全球巨头。

静电复印中利用的光电导效应的原理是：当一些材料用适当频率的光照射时，它们的导电性会增加。半导体就具有此特性，当它们吸收光子时会产生电子-空穴对（见第一章第1节）。入射光频率的能量必须与价带和导带之间的能隙的能量相对应。我们发现最初卡尔森使用的硫黄就是一种光电导材料。但具有最佳光电导性的是硒（selenium）。硒在元素周期表中与硫同属第六主族，于1817年由瑞典化学家永斯·雅各布·贝采利乌斯发现。硒的名字来自希腊语Σελήνη（Seléne），是"月亮"的意思。之所以这么叫，是因为它在熔化后经冷却就会出现类似于银的金属光泽，而在以前炼金术士就常把银与月亮联系在一起。

　　现代复印机的活性元件就是硒鼓（涂有一层硒的铝辊）。辊筒表面通过高压充电而带负电荷。曝光灯照亮原文件，文件纸面上的白色区域将光反射到感光鼓（硒鼓）表面（而书写有字的部分不会）。硒鼓被光照亮的区域会变得有导电性，它会向地面放电失去电荷。硒鼓上未受光的区域（原文件的书写部分）仍然带电，这样就在辊筒上形成了一个由电荷分布组成的文件潜像。复印机的墨粉由含有碳颗粒、氧化铁和热敏树脂的细粉组成。墨粉带正电，当它被施加到辊筒表面时，只会黏附在带负电的区域，这个区域就是原文件上写字的区域。这样一来，虚拟的文字图像就转化为真实的图像。辊筒上的真实图像被转移到一张预先带有负电荷（比辊筒上的负电荷含量更多）的纸上。但此时由于墨粉未固定，复印件上的字体仍不稳定。为了固定它并使其稳定，使用覆盖有不粘材料的热辊将纸片压紧并加热。加热会使墨粉熔化并牢牢地粘在纸上，从而形成跟原件一模一样的复印件（这就是为什么复印件从复印机里出来时是热的）。复印的最后一个阶段就是清洁辊筒（用橡胶刮刀清除残留的墨粉），并通过强光将其彻底放电。清洗完毕后，辊筒就可以进行下一次复印了。

进行彩色复印是一项技术挑战，直到20世纪70年代才得以实现。它利用了减色合成技术，使用4种不同颜色的墨粉：黑色、黄色、品红色和青色。在旧的彩色复印机中，使用了4种不同的静电辊，每一种静电辊都能产生出一种特定的颜色。但最近，为了实现更好的性能和更低的成本，人们已经研发出单辊彩色复印机。随着信息技术的出现，复印机融合了图像扫描仪（使用CCD传感器）和普通打印机（通常为激光打印）的功能。

我们所说的墨粉在普通的电脑打印中也被广泛使用：墨粉被打印头喷到纸张上，加热后就会被固定下来，这与复印时所用的方法类似。墨粉中的氧化铁发挥着重要的作用，因为氧化铁具有磁性，可以利用专门产生的磁场在纸上精确地排列墨粉。磁性会使墨粉变得非常有趣。如果将其分散在低密度的植物油或润滑油中，就可以得到**铁磁流体**（ferrofluid）。铁磁流体是一种在磁场存在时强烈极化的液体，一般是通过较小的铁磁颗粒（如墨粉中的氧化铁颗粒）分散在液体中，并加入可能的表面活性剂和乳化剂而得到。这种颗粒必须非常小，直径在10纳米左右（1纳米为十亿分之一米）。当铁磁流体置于强磁场中时，表面会形成奇特的规则波纹序列（图16）。之所以会出现这种情况，是因为悬浮的磁性粒子倾向于与外部磁场的磁力线对齐。形成的波纹可以呈现出尖峰状，波纹越尖锐，磁场就越强烈。

图16　铁磁流体在磁场作用下的典型波纹

● 一台电脑中有多少化学知识

　　复印完文件后，你又坐在办公桌前，因为你要用电脑写一份报告。普通的个人电脑（PC）里的化学知识简直多得惊人，但你应该从来没有注意过。一个普通的PC工作台一般由主机、显示器、键盘和外围设备（打印机、扫描仪等）组成。主机内部是**印制电路板**（PCB，printed circuit boards）。印制电路板由塑料基板制成，基板上固定着电子元件，如集成电路、电容器、电阻器和电感器。这些部件通过导电合金材料的走线相互连接。印制电路板的制作过程中使用了各种材料，包括：以玻璃纤维增强热固性树脂为基础的聚合物层压板，油墨和丝网印刷（screen printing）

浆料，感光聚合物，保护漆，固定剂和稀释剂，贵金属和非贵金属。另外，一块印制电路板的组成中有33%的陶瓷和玻璃，33%的塑料，33%的金属以及最后不到1%的纸和电容器中的液体。

集成电路是由半导体材料（通常是硅）裸片和用于连接其他元件的金属导体构成的，其中裸片封装在一个管壳中。管壳可以是陶瓷的或塑料的。塑料制的管壳是目前集成电路最常见的类型。这种管壳一般由惰性填料（常由二氧化硅组成）、环氧树脂、阻燃剂和其他成分组成。**引线框架**（leadframe）[26]由硅制成，并含有少量的溴、磷、砷和锑，上面覆盖着一层很薄的铝（约0.001毫米），有时还会再加一层塑料或陶瓷保护层。芯片与引线框架的连接通常使用氧化铝，并且还要加入镁、钙、硅、钛的氧化物。其他通常会使用的半导体材料有锗、砷化镓、磷化镓、磷化铟和磷砷化镓。锗和硅用于二极管，其他材料一般用于LED。

最常用的电容器有：金属化纸介电容器（metalized paper capacitor），由两根纤维带组成，纤维的一侧会镀上一层薄薄的锌或其他低熔点金属膜；金属化塑料电容器（metallized plastic capacitor）与金属化纸介电容器构成相同，但其中含有聚碳酸酯（polycarbonate）或聚丙烯；铝电解电容器（aluminium electrolytic capacitor）含有与乙二醇、盐类及有机溶剂混合的硼酸。钽电解电容器（tantalum electrolytic capacitor）的工作原理与铝电解电容器相同，它采用氧化钽（Ta_2O_5）作为电介质层，二氧化锰（MnO_2）作为电解质。电阻器由氧化铝陶瓷基板构成，基板上有一层导电金属或玻璃和碳的混合物。接头通常由金、钯银（Palladium Silver）或具有相同电性能的材料制成。

电感器由绕在陶瓷芯或铁磁芯上的铜线组成，还可以涂上环氧树脂。铁磁芯可以是用有机黏结剂烧结的铁，也可以是铁镍合金或铁锌合金，而且还可以含有钐、镨、钴或钕等稀有元素。**继电器**（relays）具有外围控制功能，其特点是电流损耗低、对外界干扰的敏感度低、可靠性高等。继电器中最常用的材料是铁、铜和环氧树脂。通常会使用铍来改善铜制弹簧触头的性能。另外，用于磁性零件的元素有铁、镍、锰、锌、钴、铬、硅、钼、钛、碳、钒、钡、钐、锶、硒、镨、钕等。高性能的磁芯通常由铁与钐、钕或钴结合而成。焊料一般会用63%的锡和37%的铅组成的合金。其他焊接材料有锑锡合金（antimony-tin alloy）、铋锡合金（bismuth-tin alloy）、铟锡合金（indium-tin alloy）。最常用的黏合剂通常由环氧性质或丙烯酸性质的化合物构成。

电脑中的指示灯一般由LED组成（见第一章第1节）。LED材料中含有少量由磷化铟（InP）或磷化镓组成的半导体材料。

数据处理器的外壳通常由金属制成，并带有塑料部件。电脑显示器中除了有印制电路板，还有阴极射线管，或称显像管。阴极射线管基本上由四部分组成：锥体部分、屏幕、锥体与屏幕之间的连接部分和电子部分。用于制造阴极射线管的玻璃可以有不同的类型，但所有类型都含有能够吸收X射线的金属氧化物：如氧化铅（PbO）、氧化钡（BaO）、氧化锶（SrO）。屏幕内含有的荧光物质一般为锌、铕、钇、镉的硫化物或磷化物。在较早的型号中，荧光涂层主要含有镉和硫化锌，而在新型号中，则是94%的硫化锌和稀土。

显示器有不同的类型。液晶显示器（LCD）（见第一章

第1节）使用了2000种不同类型的液体，包括**反式-4-丙基-（4-氰基苯基）-环己烷**［*trans*-4-Propyl- (4-hydroxyethyl) -cyclohexane］和**氧化偶氮苯**（Azoxybenzene），而用于屏幕背光的灯管一般含有汞或其他稀有金属。等离子显示器含有汞或放射性同位素，如^{63}Ni（镍的放射性同位素）、^{85}Kr（氪的放射性同位素）或^{3}H［**氚**（Tritium），氢的放射性同位素］。电致发光显示器（electroluminescent display）中一般是以硫化锌（ZnS）和重金属或稀土金属为基础的化合物。电脑显示器外壳由ABS（Acrylonitrile Butadiene Styrene，丙烯腈–丁二烯–苯乙烯）塑料或含有约20%阻燃剂［十溴二苯醚（Decabromodiphenyl ether）或八溴二苯醚（Octabromodiphenyl ether）］的类似材料制成。

键盘基本上是由约200平方厘米狭长的印制电路板和塑料罩组成。

综上所述，构成电脑的主要材料可以归纳为如表1所示。

表1　电脑的组成材料

材料	重量／千克	占比／%
含铁金属	7.5	32.2
不含铁金属	0.5	2.1
玻璃	3.6	15.5
塑料	5.2	22.3
印制电路板	5.3	22.7
磁盘驱动器	1.2	5.2
共计	23.3	100

● 手机、铌① 钽铁矿和大猩猩

在电脑上写了大约15分钟后，你的手机响了，是一个同事想问你什么时候去吃午饭。手机现在是我们又一不可或缺的科技产物。当然，它也包含了很多化学成分，即使我们平时没有怎么去想过这个问题。

手机的构成中也有很多我们上面所列举的电脑的材料。平均而言，一部手机中有约58%的塑料、25%的金属、16%的陶瓷和1%的阻燃剂。在25%的金属含量中，有铜、钴、锂（电池中）、铁、镍、锡、锌、银、铬、钽、镉以及少量的锑、金、铍，有时还有铂等元素。

原材料的来源多种多样。铅、镉、金、铍、铁、银和铋一般来自北美洲，铝、锡、锌和铜来自南美洲，镍和钯来自俄罗斯，钽来自巴西、澳大利亚和非洲，铬和铂来自非洲，硅、锑和砷来自中国。

为了满足日益精进的新技术生产，我们对稀有元素的需求日益增加，这也产生了严重的社会政治问题。比如所谓的**铌钽铁矿**（coltan）就引起了国家纷争。这个名字由于大众媒体的报道而变得相当流行，它是**铌铁矿−钽铁矿**（columbite-tantalite）的缩写，铌铁矿−钽铁矿是一种由**铌铁矿**$[(Fe, Mn)Nb_2O_6]$和**钽铁矿**$[(Fe, Mn)Ta_2O_6]$的复杂混合物组成的矿物。铌钽铁矿是一种黑色砂石，其主要矿床分布在巴西、澳大利亚和非洲，特别是莫桑比克（Mozambique）和刚果（Congo）。铌钽铁矿对于高科技产业来说非

① 铌为铌（Nb）的旧称。

常重要，因为从此矿物中可以提取出钽（Ta），用钽来制造电容器的话，其性能比老式的陶瓷电容器要好得多。钽是一种亮灰色的过渡金属，硬度极高，耐化学腐蚀，是热和电的优良导体。钽是1802年由瑞典化学家安德斯·埃克伯格（Anders Ekeberg, 1767—1813）发现的，1820年由永斯·雅各布·贝采利乌斯分离出来。多年来，人们一直认为钽和铌是同一种元素，但后来发现它们是两种不同的元素。

"铌"这个名称来源于希腊神话中的一个人物——坦塔罗斯（Tantalus）。冒犯了众神之后，坦塔罗斯受到严厉的惩罚。他站在及颌的深水里，一想喝水，水就退去；他的头上有结满果实的果树，一想去摘树枝就会移开。坦塔罗斯有一个女儿叫尼俄柏（Niobe），"铌"这个名称就来源于此。

非洲钶钽铁矿的开采造成了非常严重的问题。肆无忌惮的跨国公司从控制了矿产资源的武装团体那里购买钶钽铁矿，这样就为血腥的战争埋下了隐患。此外，矿井中的工人很多是儿童，他们要在恶劣的条件下工作。除了造成社会损失和存在侵犯人权的行为外，毫无节制的开采还对环境造成了极大破坏。受害者中就有不幸生活在钶钽铁矿所在地区的美丽山地大猩猩。所以我们在决定更换智能手机之前，最好先考虑一下这个问题。

拓展：光、颜色和物质

　　色彩是能直接影响灵魂的工具。色彩是琴键，眼睛是琴槌，灵魂是多弦的钢琴[27]。

这是瓦西里·康定斯基（Vasilij Kandinskij，1866—1944）在1910年8月于巴伐利亚州（Baviera）的穆尔瑙（Murnau）完成的《论艺术的精神》（*Lo spirituale nell'arte*）一书中所写的。

色彩主宰着我们的生活，让我们的生活更加美丽迷人。自古以来，人类就喜欢欣赏色彩，赋予色彩深刻的文化含义，并试图利用色彩来表现自己的精神面貌和情感。新色彩的探索对一些文明甚至经济的发展影响深远。而化学在这一领域也一直发挥着重要作用[28]。

我们所说的颜色是由我们的大脑产生的感觉，这种感觉来自一系列复杂的物理、化学和生理过程。所有这些过程的源头都是光。

关于光的本质，人们争论了很久。艾萨克·牛顿认为，这是一束沿直线传播的粒子束（**微粒说，corpuscular theory**）。相反，荷兰物理学家克里斯蒂安·惠更斯（Christiaan Huygens，1629—1695）则提出"媒介理论"，他认为光是由在假设的物质媒介**以太**（ether）中传播的波构成。根据这一理论，光的行为应该与普通声波以及在海面上传播的声波行为类似。莱昂哈德·欧拉（Leonhard Euler，1707—1783）在1746年提出了光的**波动说**（undulatory theory），并得到了其他学者的支持。苏格兰人麦克斯韦提出的电磁理论接受了光的波动概念，将其纳入更广泛的理论中，并认为光是一种特殊的电磁波，由振荡的电场和磁场在空间中（真空中也一样）以波的形式传播（实际上并不存在以太）。

电磁波的参量有很多，其中有**频率**和**波长**。频率表示电磁波在一秒钟内的振荡次数，用赫兹（Hz）表示。波长则表示波在完成一次完整振荡所需的时间内所传播的距离，用米或者纳米、毫米、分米、千米等长度单位表示。频率 f、波长 λ 和波的传播速度 v（真空中的电磁波的速度都约为300 000千米／秒）之间有一个关系式（$v=f\lambda$），从这可以看出频率与波长成反比，频率增加波长会减小，反过来，频率减小波长会增大。

我们所说的光仅代表电磁波的一部分，它们的频率值在 435～790太赫兹（即一千亿赫兹）之间，或者说波长为400～700纳米。这些数值处在人的视网膜的敏感值范围内，在这些数值范围之外我们的眼睛是看不见的。也就是说我们看不见所有频率低于435太赫兹的辐射（红外辐射、微波、无线电波）和所有频率高于790太赫兹的辐射（紫外线辐射、X射线、γ射线）。

然而，在可见光中，我们的大脑在处理来自眼睛的信息时所产生的感觉会根据波长（或频率）不同而有所不同。400纳米左右的波长被认为是红色，700纳米左右的波长被认为是紫色。在这两种颜色之间是所有其他组成彩虹的颜色。我们所感觉到的白光是所有波长的光组合而成的。

眼睛视网膜上的特殊感光细胞对不同颜色光波的反应很敏感，这些细胞因其形状被称为**视锥细胞**（cone cell）。除了视锥细胞还有其他的光感受器，称为**视杆细胞**（rod cell），这些细胞对光线的强弱反应非常敏感，让我们即使在弱光条件下也能看得见，但它们对颜色不敏感。

当我们看着一朵罂粟花时，我们认为它是红色的，因为存在于花瓣中的物质几乎吸收了所有白光的成分，但红色的成分却被反射到我们的眼睛里。仅仅是这个简单的观察，我们就明白了光和物质是可以相互作用的。

了解光与物质之间的相互作用机制并不是一件简单的事情，麦克斯韦的电磁理论虽然可以解释很多光学现象，但对于这一点它却无法给出满意的答案。19世纪的物理学家们很清楚这一问题，所以他们尝试解释一种叫作**黑体光谱**（blackbody spectrum）的特殊实验曲线。如果我们慢慢加热一个理想的黑体，它会开始发出不同波长的电磁辐射。我们可以举个类似的例子，想象一下一块烧红的铁：刚开始它是暗红色的，随着温度的升高，铁块发出的光会越来越白。黑体的光谱是一个表示辐射强度随波长变化的曲线图，曲线走向类似于一个灯罩，并且随着温度的升高，曲线变窄，其最大值向左移动（图17）。

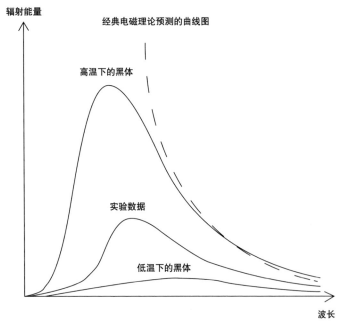

图17　经典电磁理论预测的曲线图

经典电磁理论预测的曲线走向与实验得到的曲线截然不同，这个问题一直让19世纪的科学家们非常头疼。成功解决这个问题的是德国物理学家马克斯·普朗克（Max Planck，1858—1947，1918年的诺贝尔物理学奖得主）。1900年，普朗克提出了一个大胆的假说，成功地从理论上重现了黑体辐射的实验曲线。他认为物质和电磁辐射之间的能量交换可以是不连续的，而是以间断的形式（能量子）实现。普朗克还假设每个**量子**（quantum）的能量与辐射的频率成正比（由此得出的比例因子后来被称为**普朗克常数**，是现代物理学常数之一）。普朗克的想法原本只是工作中一个简单的假设，却意外地在物理学的其他领域也得到了证实，这就标志着**量子力学**的诞生，这个名字就来源于普朗克的量子。根据量子学的观点，光的确是麦克斯韦所主张的电磁波，但它的能量具有微粒一样的性质，是不连续的。它只能通过一个基本量的整数倍来交换，这个基本量被称为量子或者**光子**（photon）[该术语由美国化学家吉尔伯特·牛顿·路易斯（Gilbert Newton Lewis，1875—1946）于1926年提出，源于希腊语φῶς，φωτός（phós，photós），意为"光"]。

量子力学表明，原子或分子可吸收的能量也是量化的。这说明它们在每个状态中的能量值都是确定的，这些确定的能量值就是**能级**。如果两个能级之间的能量差与光子的能量一样，光子被原子吸收，原子就会从低能级状态向高能级状态跃迁；相反，如果原子从高能级向低能级跃迁，多余的能量就会以光子的形式，也就是光辐射的形式释放出来。

量子力学建立的概念模式完美地解释了物质和电磁辐射之间的所有相互作用，也因此解释了为什么有些物质会表现出某些颜色，而另一些物质却没有。

凡是有颜色的物质，必然吸收了某些白光成分。我们所看到的是与被吸收的颜色相对应的互补色（complementary color）：两种色光以适当的比例混合能产生白光，这样的两种颜色称为互补色。例如，在我们看来薄荷是绿色的，那是因为它吸收的是红光；酸樱桃是红色的，是因为它吸收的是绿光。而白色或无色的物质则不吸收任何可见光辐射，但会吸收紫外线。最后当物体吸收了所有可见光的成分后，就会呈现黑色。实际上，白色和黑色并不是真正的颜色，白色只是所有颜色的总和，黑色只是所有颜色的缺失。

很久以来，人类所使用的颜料都是天然产物，从矿物、植物或动物中获取。但早在古代就已经有了人造颜料的工艺。例如，埃及人从一种植物——木蓝（*Indigofera tinctoria*）的叶子中获取靛蓝色，但他们也发明了一种化学工艺，通过加热二氧化硅、孔雀石、泡碱（碳酸钠）和碳酸钙来制得埃及蓝（Egyptian blue）。腓尼基人学会了从一种特殊的软体动物（吸器染料螺，*Haustellum brandaris*）中提取紫色，这种能力促进了他们的经济繁荣。

从1856年开始，颜料制备领域取得重大突破，当时英国化学家威廉·亨利·珀金（William Henry Perkin，1838—1907）成功合成了**苯胺紫**（Mauveine），又叫珀金紫（Perkin's purple），这是第一种人工有机颜料（图18）。这一发现为其他颜料的合成开辟了道路：如品红（fuchsine）、苯胺蓝（aniline blue）和苯胺紫罗兰色（violetto d'anilina）、洋红（magenta）、蔷薇苯胺蓝

（rosaniline blue）、甲基紫（methyl violet）、茜素（alizarin）等。每一种颜料分子的结构中都有一种特定的原子团，称为**发色基团**（chromophoric group），通过吸收特定频率的光使物质具有颜色。主要的发色基团有：亚硝基（nitroso group，—NO）、硝基（nitro group，—NO$_2$）和偶氮基（azo-group，—N＝N—）。颜料分子中除了有发色基团，通常还有助色基团（auxochrome group），助色基团与发色基团相互作用可以使发色基团的吸收峰向长波移动，进而加深颜色甚至改变颜色。助色基团主要有氨基（amino group，—NH$_2$、—NHR、—NR$_2$）和羟基（—OH、—OR）。最后，还有其他基团，它们可以降低（向红基团，bathochromic group）或提高（向蓝基团，hypsochromic group）吸收的光的辐射频率。

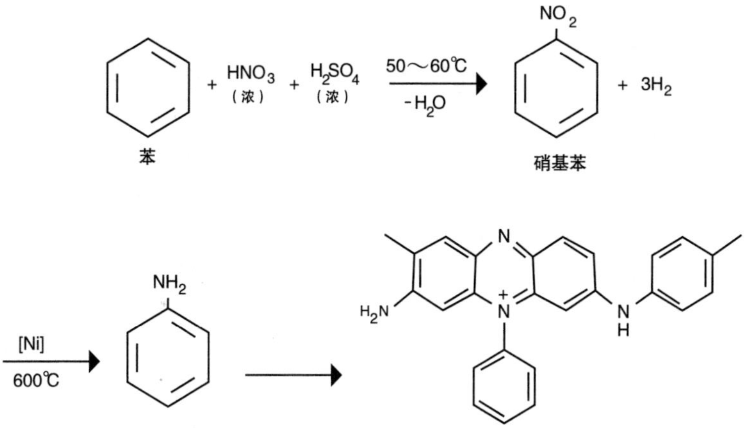

图18 珀金合成的苯胺紫为染料合成工业开辟了道路

第二章

午　餐

2.1 饭 馆

● 化学与烹饪，我们为什么需要吃饭

上午的工作结束，午餐时间到了。你没有时间回家，所以和同事相约在离办公室不远的一家小饭馆吃午饭。

尽管我们在一些伪健康圈里经常听到有人说想把化学从食物中完全剔除，但化学和烹饪是密不可分的，不存在没有化学物质的食物[1]。进食本身就严格地与化学有关。我们是"化学机器"，为了生存，需要不断地与我们生活的环境进行物质和能量的交换。吃饭就是这种持续交换的重要环节。

人类是**异养生物**，这意味着我们不能像**自养生物**那样，从无机物中自动合成我们所需的有机分子。比如植物通过叶绿素的光合作用，可以将二氧化碳和水转化为有机化合物。除了植物，藻类和许多细菌也是自养生物。我们人类必须利用其他生物体（动物或植物）合成的有机物质来获取我们生存所需的物质，因此我们需要吃饭。

在生物体或生物体的某一组成部位中（例如在细胞中）发

生的一系列化学和物理过程，称为**新陈代谢**（metabolism）。
新陈代谢作用的物质是我们摄入的食物，任何参与这一过程的
物质都被称为**代谢物**（metabolite）。新陈代谢一般分为**合成代
谢**（anabolism）、**分解代谢**（catabolism）和**能量代谢**（energy
metabolism）。合成代谢是指从简单的分子构造出更复杂的分子的
一系列过程。而分解代谢则是指将较为复杂的大分子逐渐降解为
简单的小分子并释放出能量的一系列过程。最后，能量代谢可以
被认为是分解代谢过程的延伸，其目的是从分解代谢过程中回收
尽可能多的能量。

我们必须从食物中摄取的物质称为营养物质，可以分为不同
的类别：糖类（或碳水化合物）、蛋白质、脂类（或脂肪）。这
三种物质被称为**宏量营养素**（macronutrient），之所以这么叫是因
为我们的机体对这3种物质的需求量很大。除了宏量营养素，还有
所谓的**微量营养素**（micronutrient），如维生素和矿物质，人体也
必须摄入它们，因为它们也是完成新陈代谢所必需的。

我们已经在第一章第3节关于早餐的内容中谈到了碳水化合
物，在第一章第2节关于肥皂的内容中谈到了脂类。接下来我们就
讲讲蛋白质，蛋白质是由氨基酸长链组成的大分子。"蛋白质"
名称来自希腊语πρῶτος（prótos），该术语由荷兰化学家杰拉尔杜
斯·约翰内斯·穆尔德（Gerardus Johannes Mulder，1802—1880）
于1838年提出。

氨基酸是指同时含有酸性的羧基（—COOH）和碱性的氨基
（—NH$_2$）的分子。当分子中的羧基和氨基连接在同一个碳原子上
时，称为α-氨基酸。

一个分子的羧基和另一分子的氨基能脱水缩合形成一种特殊的键，称为**肽键**（peptide bond）。这样一来，就可以形成称为**多肽**的长聚合链。一个或多个多肽可能会与其他辅助分子结合形成蛋白质（图19）。

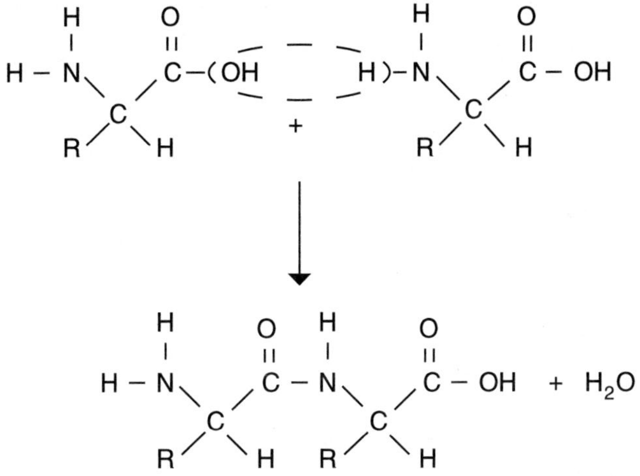

图19　两个氨基酸之间的肽键

构成现有蛋白质的氨基酸大约有20种。根据它们结合的类型、数量和顺序，可以得到无限多的蛋白质。我们的机体能够合成部分氨基酸，但有一些氨基酸无法自己合成，因此这些氨基酸被定义为必需氨基酸（essential amino acid），必须通过食物摄取。α-氨基酸有一个不对称的碳原子，因此可以以两种对映体的形式存在（见第一章第3节拓展：立体化学）。具有生物学意义的氨基酸均具有L构型（见第55页）。因此，我们讲的是L-α-氨基酸。

氨基酸的排列顺序是每个蛋白质的特征，它也构成了所谓的**一级结构**（primary structure）。同一条肽链连续部分的NH和CO基团之间存在氢键，它可以使主链呈现螺旋状的空间排列，而侧链排列在外，这种结构称为**二级结构**（secondary structure）。在由多条链组成的分子中，不同链之间的NH和CO基团也可以产生氢键。此外还可以有二硫键（disulfide bond），二硫键由相邻肽链的两个半胱氨酸的残基之间的SH基团氧化产生。螺旋形肽链可以在纵向上彼此靠近排列，可以把自己缠绕成大线圈，形成一种特殊的绳状（**纤维状蛋白质**，fibrous protein），也可以卷曲成球状或椭圆状（**球状蛋白质**，globular protein）。纤维状蛋白质可分为**可溶性蛋白质**（Soluble protein）[如血液的纤维蛋白原（Fibrinogen）] 和**不溶性蛋白质**（Insoluble protein）[丝蛋白（fibroin）、胶原蛋白（collagen）、肌球蛋白（myosin）等]。球状蛋白质分为**单纯蛋白质**（simple protein，只由氨基酸组成）和**结合蛋白质**（Conjugated protein）[如核蛋白（nuclear protein）、染色蛋白（chromoprotein）、脂蛋白（lipoprotein）、糖蛋白（glycoprotein）、磷蛋白（phosphoprotein）]。结合蛋白质中还存在氨基酸以外的成分。

● 面包：酵母与发酵

你和你的同事在饭馆的餐桌前坐下，服务员给你端上来的第一样东西就是面包。这是一款不错的自制面包，切成片状，面包皮酥脆，面包心松软且有明显的气孔。似乎很奇怪，即使是手工面包，它也是典型的化学反应的产物。

面包的历史可以追溯到人类的早期。直立人（homo erectus）似乎早就会做原始的面包了：它是一种在热石头上烘烤的面粉和水的简单混合物。这种面包的食用持续了很长时间。它的优点是可长期保存，并且随着时间的推移，在不同的社会中还具有了宗教意义（比如犹太人和基督徒的无酵饼）。似乎是埃及人发现，如果面团在烘烤前放置在空气中一段时间，得到的面包就会变得更加柔软可口。他们因此无意中知晓了我们所说的**发酵**，而发酵就是餐桌上的面包片带有美丽的海绵状气孔的原因。发酵是一个典型的化学过程，这就证明了前面所说的"面包都是化学反应的产物"的陈述是正确的。为了全面了解面包的制作过程，我们需要从原材料——面粉开始说起。

麦粒［在植物学上称为**颖果**（caryopsis）］有一层麦皮（麸皮层），通常会被去除再制成麦麸（全麦产品除外）。在麦粒中要区分胚（或胚芽）和胚乳，胚乳是包含淀粉和蛋白质的那部分，这里的蛋白质是制作**面筋**（gluten）的基础。生产面粉时所用的麦粒要去掉胚芽和麦壳，再将胚乳进行一系列研磨，生产出各种类型的面粉。意大利法律根据面粉的矿物质含量将面粉进行了分类，矿物质的含量会通过分析面粉完全燃烧后的灰分来确定。灰分中矿物质含量少则说明面粉仅由胚乳制成，胚乳制成的面粉会更白。灰分中矿物质含量最高的是全麦粉，这是因为全麦粉中含有麦皮，麦皮的矿物质含量很高，而且全麦粉的颜色也较深。**出粉率**（abburattamento）表示从小麦中获得的面粉的百分比（该术语来源于buratto，即"筛子"，一种装有筛子的机器，用于分离杂质或对固体材料的成分进行分类，如分成不同大小的颗粒或粉末）。

面粉的分类如表2所示：

表2　面粉分类

面粉类型	最大湿度／%	最少灰分含量／%	最多灰分含量／%	蛋白质最低含量／%	出粉率／%
00号面粉	14.50	−	0.55	9.00	50
0号面粉	14.50	−	0.65	11.00	72
1号面粉	14.50	−	0.80	12.00	80
2号面粉	14.50	−	0.95	12.00	85
全麦面粉	14.50	1.30	1.70	12.00	100

软小麦面粉主要由淀粉（64%～74%）和蛋白质（9%～15%）组成。面粉中加入水，充分拌和，此时面粉中的蛋白质［主要是**麦醇溶蛋白**（gliadin）和**麦谷蛋白**（glutenin）］就会形成一种叫作**面筋**的蛋白质复合物，从而使得到的面团具有弹性。面筋能吸收其重量1.5倍的水，并且在发酵过程中，还能留住酵母产生的二氧化碳。麦醇溶蛋白和麦谷蛋白的比例决定了面团的性质。麦谷蛋白使面团具有韧性和弹性，而麦醇溶蛋白则使面团具有延展性。

发酵过程中起主要作用的是一种特殊的微生物，叫作**酿酒酵母**（*Saccharomyces cerevisiae*）。它通常被称为**啤酒酵母**（beer yeast），几千年来一直用于制作面包和酒类（葡萄酒、啤酒等）。面包酵母利用面粉淀粉中的低聚糖来产生酒精和二氧化碳。面团静置一段时间后就会因为二氧化碳的产生而膨胀。在发酵过程中，酵母还会产生一系列芳香物质使面包具有不错的香味。在加热烘焙过程中，面团中二氧化碳和空气的膨胀以及水和酒精的汽化使面团体积进一步增大。另外，我们还可以加入合适的化学发酵剂，也就是在面团中加入由碳酸氢钠（sodium bicarbonate）和其他盐类［如**酒石酸钾**（potassium tartrate）和**碳酸氢铵**（ammonium bicarbonate）］制成的化学酵母。碳酸氢钠与酸性物质发生反应时会释放出二氧化碳和水，其他盐类也会分解并释放出气体，使面团膨胀。

在烘焙过程中也发生了许多其他的化学物理反应，它们同样也为面包的成功制作出了一份力。面包的烘烤温度在180～275℃，时间从13～60分钟不等。面团里的发酵会持续进行，直到酵母菌在40～60℃死亡为止。随后在60～80℃时，发酵产生的酒精挥发，淀粉开始凝固。在100～140℃的较高温度下，面包表面的水完全蒸发并开始形成外壳。面包表面的琥珀色是因为发生了焦糖化反应和**美拉德反应**（Maillard reaction，我们稍后就会谈到美拉德反应）。

服务员问你们想喝点什么，你要了一杯红酒，你的同事要了一杯啤酒。这真有意思，除了刚刚香气四溢的面包外，这两种饮料居然也是面包酵母辛勤工作的成果。

● 烤牛排（美拉德反应）

你决定不要第一道菜（意大利正餐用餐顺序为前菜、第一道菜、第二道菜、配菜、甜品。第一道菜通常为意面，一般没有肉），虽然一盘美味的意大利面十分诱人，但你今天早上已经摄入了丰富的碳水化合物，而且刚刚你也没有管住嘴，吃了一片面包（也是碳水化合物）来打发等待的时间。所以你点了一份不错的牛排。

几分钟后，服务员递给你一盘美味的烤牛排，牛排熟得恰到好处，香气扑鼻，非常诱人。除了厨师的功劳，还要归功于一种化学反应：美拉德反应，而且它也许是整个美食界最重要的化学反应。这个名字由法国医生、生物化学家路易斯·卡米拉·美拉德（Louis-Camille Maillard，1878—1936）提出，并以他的名字命名。在研究细胞的代谢时，美拉德发现了一种特殊反应，这种反应可以在蛋白质的氨基酸和细胞中的糖之间发生。有趣的是，在厨房里烹饪各种食物的过程中也会出现这样的反应。除了牛排的香味，面包皮、果酱馅饼或其他甜食的特殊香味，洋葱油炸菜以及其他油炸食品（如薯条或米兰风味的炸肉排）表面的焦棕色，都要归功于美拉德反应。

美拉德反应相当复杂，人们仍不完全清楚其过程。它能产生数百种分子，为食物提供特殊的香气。反应的产物也会因反应温度以及糖类和氨基酸的种类而不同。除了提供香气，反应的产物带给食品表面特有的棕色。牛排散发出的诱人的烤肉香，主要归因于一种化学家称为双（2-甲基-3-呋喃基）-二硫［Bis (2-methyl-3-furyl) disulfide］的物质，它的分子结构如图20所示。

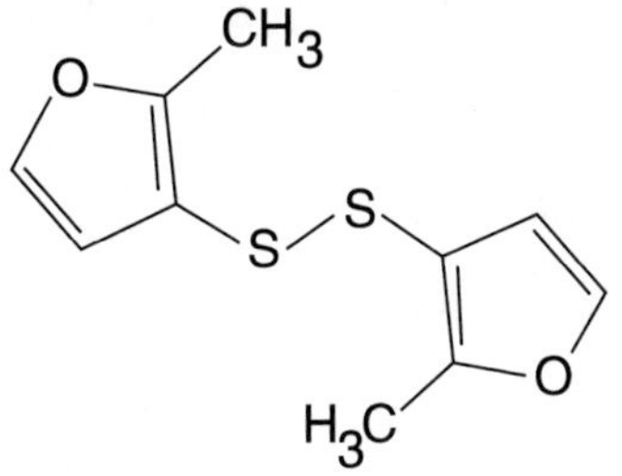

图20　双（2-甲基-3-呋喃基）- 二硫的分子结构

　　美拉德反应发生在烹饪阶段，涉及的物质有蛋白质和碳水化合物。我们知道肉类中含有丰富的蛋白质，那糖类呢？牛肉中含有足够多的糖类来参加反应。其他肉类（如鸡肉和一般的白肉）可能就没有足够的糖分。在这种情况下，你可以在烹饪时加入适量葡萄酒（含有糖分）、柠檬汁（或橙汁，比如经典菜——橙汁鸭），或者一点蜂蜜。但直接加入食用糖（蔗糖）的方法，可能会与你认为的相反，它并不奏效。这是因为只有"还原性"糖类才能产生美拉德反应，而蔗糖不是还原性糖。但是，在酸性环境中（比如加入柠檬汁），蔗糖就会分解成葡萄糖和果糖（你还记得我们在第一章第3节中讲到的转化糖吗），所以它可以发挥作用。要想发生美拉德反应，温度也很重要，得超过140℃。实际上美拉德反应分为连续的不同阶段。第一阶段没有明显影响，但会引起一些必需氨基酸的降解，如**赖氨酸**（lysine）。在第二阶段，形成了熟食典型的气味化合物。最后，在第三阶段，形成了赋予食物外表棕色的大分子。微碱性的环境也有利于美拉德反应，所以加入少量的碳酸氢钠可以促进反应的进行。在有金属存在的情况下美拉德反应更容易发生，所以要吃到美味的牛排，最好使用金属锅，而不是使用涂有特氟隆（Teflon）的不粘锅［特氟隆是**聚四氟乙烯**（polytetrafluoroethylene）的别称］，化学也会不可避免地进入厨房用具中（见第四章第1节）。

● 疯牛病与二氯甲烷

你的同事是不会吃牛排的，即使已经有一段时间没有听人们谈起过"疯牛"事件，但他对此事仍记忆犹新，作为一个十分谨慎的人，他不想冒任何风险。"疯牛"事件是一个很好的例子，它向我们说明了不借助化学是如何造成严重损害的。

所谓的"**疯牛病**"（MCD，Mad Cow Disease）在兽医学上被称为**牛海绵状脑病**（BSE，Bovine Spongiform Encephalopathy）。这是一种不可逆的慢性、退化性神经系统疾病，影响牛的健康，人吃了被感染的牛肉也会被传染。在人类中我们将此病称为**变异型克雅氏病**（Creutzfeldt-Jakob disease），以20世纪20年代首次描述该病的两位医生的名字命名。这两种疾病都是由**朊病毒**（prion）引起的，朊病毒是一种致病蛋白，被认为是一种**非常规传染病原体**（agent transmissible non conventionnel）。1986年英国发现了第一例BSE病例，20世纪90年代又发现了许多例，还有一些克雅氏病例。1996年，英国政府承认有10名年轻人死于克雅氏病，可能是吃了感染病毒的牛肉所致。现在似乎已经确定，英国疯牛病的传播是由动物饲料引起的。在动物饲料的生产过程中，人们曾使用**二氯甲烷**（dichloromethane，CH_2Cl_2）作为脂肪溶剂，并高温处理。这种双重处理消除了传播朊病毒的风险。但之后就有人（特别是各种环境协会）抨击二氯甲烷，因为它被认为对人类有致癌作用，并且与其他氯氟烃（chloro fluoro carbon）一样，会对大气臭氧层造成破坏（见第三章第2节）。迫于舆论压力，大约在20世纪70年代末，二氯甲烷就被放弃使用了，而制备动物饲料的工艺也改成了低温处理。也就是这样，导致疯牛病的朊病毒能够在这个过程中存活下来，并通过饲料传染给牛。后来发现，二氯甲烷并不致癌（尽管它和许多其他物质一样，在一定剂量下是有毒的），而且它根本就不会对臭氧层造成破坏，因为它会迅速氧化生成其他化合物，然后被雨水带走[3]。对化学的恐惧有时比化学本身的危害更大！

● **煮鸡蛋：蛋白质变性**

你的同事不吃牛排，所以要了一个煮鸡蛋和一份比目鱼片。煮鸡蛋是另一种化学反应了。

一个鸡蛋中含有74%的水，12%的蛋白质和11%的脂肪，还有少量的维生素、矿物质等。脂肪主要集中在蛋黄中，蛋清主要是蛋白质的水溶液，浓度约为10%。正如我们前面所讨论的那样，有一些蛋白质可以聚集成球状或椭圆状（**球状蛋白质**）。鸡蛋中（包括蛋黄和蛋清）很多蛋白质都是这种类型，并且它们的球状体就分散在鸡蛋所含的水中。当温度升高时，一个叫作变性（denaturation）的过程就开始了。在这个过程中，长长的蛋白质分子链会伸展开。变性的链结合在一起，并逐渐形成一个立体的网，可以将水分子困在其中。烹煮条件会影响变性过程，进而影响煮鸡蛋的品质。如果煮的时间过长，蛋白质过度变性，蛋白质链形成的网就会变得非常密集，留不住水分子。这样煮熟的鸡蛋，蛋白会变得像橡胶一样，蛋黄也会变干，两者的口感都不太好。蛋黄和蛋白的凝固时间不同，因为它们含有的蛋白质不一样。蛋清中约有12%的**卵转铁蛋白**（ovotransferrin），它在62℃左右开始凝固，65℃时变成软固体，因此在这个温度时蛋白仍然是软的。蛋清中的第二种蛋白质是**卵清蛋白**（ovalbumin），占54%，在85℃时凝固，因此蛋清在这个温度下会变得非常结实。但蛋黄里的蛋白质开始凝固的温度要高一点：65℃时蛋黄变稠，70℃时完全凝固。

长时间高温煮鸡蛋也会使蛋黄表面出现难看的灰绿色。这是因为蛋白［特别是**半胱氨酸**（cysteine）］会产生硫化氢（H_2S），这是一种具有典型臭鸡蛋味的气体。硫化氢能与蛋黄中的铁反应，生成深色的硫化亚铁（FeS），硫化亚铁与黄色的蛋黄混合后就产生了绿色[4]。尽管灰绿色的蛋黄外观不好看，但它完全没有害处。为了避免这种变色，在烹煮结束后要将鸡蛋从热水中取出，在流水中冲洗冷却，以防止鸡蛋继续被加热。

鸡蛋的蛋白质变性也可以在非加热的情况下获得，只需要加入乙醇就可以。蛋清和蛋黄在经过酒精处理后，会呈现出煮熟鸡蛋的外观，但是我们无法保证这样处理得到的鸡蛋的色香味是怎样的。

2.2　胃口大开

● 柠檬鱼

　　吃完煮鸡蛋后，你的同事就要品尝鱼片了。他如条件反射一般，直接就将柠檬汁挤在鱼片上。我们很多人都会这么做，但是却可能不知道这是为什么。鱼肉非常美味（对于爱吃鱼的人来说），但它散发出来的味道不一定总是被人喜欢。鱼的腥味来自一种特殊的化合物，叫作**三甲胺**（trimethylamine），其化学式为$N(CH_3)_3$。这种分子可以看作氨气（NH_3）的3个氢原子被3个甲基自由基（—CH_3）取代而得到。它是一种不溶于水的化合物，非常容易挥发，因此即使鱼儿释放出少量的三甲胺，也很容易被我们的鼻子嗅到。像所有的胺类一样，三甲胺也是一种碱性物质，因此它可以与酸反应。柠檬汁含有柠檬酸，当我们把柠檬汁洒在鱼身上时，三甲胺被柠檬酸盐化，转化为水溶性化合物，这样它就没有了挥发性，也就消除了难闻的腥味。在各种食谱中，鱼肉往往与酸性物质搭配（从简单的番茄酱开始）。尽管不知道为什么，但人们将这个烹饪习惯一直保留，显然是早就猜到了化学所解释的这个道理（柠檬去腥增香）。但如果柠檬汁长时间接触鱼肉，就有可能会使鱼肉的蛋白质变性，让鱼肉像煮熟了那样变白，比如腌制的凤尾鱼就是这样。腌制凤尾鱼是一道极好的菜肴，但也有一定的健康风险，因为缺少加热处理，鱼肉中可能有存活的微生物和寄生虫。

● 蛋黄酱与乳剂

　　和比目鱼片一起，你的同事还叫服务员带来了一些蛋黄酱。这种酱料也给了我们一个了解有趣的化学物理性质的机会。蛋黄酱其实是一种典型的乳剂，即两种不相溶的液体的混合物，其中一种液体以微小液滴的形式分散在另一种液体中，形成液滴的相称为**分散相**（dispersed phase）。蛋黄酱中的分散相就是油，它以极小的液滴形式分布在蛋黄酱中的含水部分，而这个有水的部分就称为**连续相**（continuous phase）。因此说，蛋黄酱是一种O/W型乳剂，即水包油；反之，黄油等产品是W/O型乳剂，即油包水。这两种乳剂的示意图见图21。

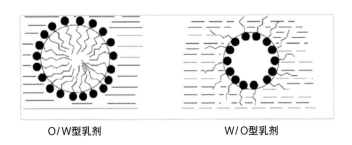

O/W型乳剂　　　　　　　　W/O型乳剂

图21　乳剂中形成的O/W胶束和W/O胶束

为了使乳剂具有稳定的性质，必须在其中加入表面活性剂或乳化剂（我们已经在第一章第2节的清洁剂中谈到过）。当然，作为清洁剂的表面活性剂不能用于食品用的乳剂中。但是，确实存在可食用的表面活性剂，例如**卵磷脂**（lecithin）。这是法国化学家和药剂师尼古拉斯·西奥多·戈布利（Nicolas-Theodore Gobley，1811—1876）于1846年首次在蛋黄中发现的一种化学性质可变的物质。"卵磷脂"一词来源于希腊语λέκιθος（lékithos），意为"蛋黄"。所以，从上述的内容中我们就可以明白为什么做蛋黄酱需要鸡蛋。蛋黄中存在的卵磷脂可作为油的乳化剂，而油必须分散在由鸡蛋本身和添加的柠檬汁或醋所提供的水溶液中。除了卵磷脂，鸡蛋中存在的某些蛋白质也可以充当乳化剂。大家应该还记得，表面活性剂是具有亲水部分和亲油部分的分子，这使它们能够在两相之间的分界面上排列，以稳定乳剂。在制作蛋黄酱的过程中（每个厨师痛并快乐着），它可能会"发疯"，也就是分层了。你可以尝试恢复它，用打蛋器搅拌一些蛋黄，将其加入"发疯"的蛋黄酱中，然后只需要一点技巧和……运气！工业蛋黄酱通过添加额外的乳化剂来稳定它的性质，使其保存时间更长。乳剂的稳定性取决于多种因素，如pH值、温度、盐的用量、搅拌程度等。温度的升高会促进油水分离，因为它增加了脂肪的流动性。反之，适度的冷藏可以稳定乳液。所以厨师才会建议在制作蛋黄酱之前先将食材冷藏。

● 盐与晶体

任何一张餐桌上都不能少了一个盐罐。盐在人类历史上扮演了非常重要的角色。为了得到它，人们修建了道路，还打起了仗。在古罗马，它甚至是一种支付手段，比如在外国的前哨士兵，他们在盐稀缺的地区就会得到一定数量的盐，称为薪水（salarium）。这就是"salary"（薪水）一词的由来，我们今天仍然用这个词来表示工作所得的报酬。因此，我们就可以理解为什么围绕着盐发展出了这么多的信仰和迷信。盐在一些宗教仪式中被广泛使用。例如，它是驱魔的重要道具，用于圣水洗礼。在一些洗礼仪式中，盐甚至被直接擦在新生儿的嘴唇上。盐还常被用来见证约定或友谊。例如，在阿拉伯国家，用盐宣誓的现象很普遍，也就是人与人之间通过吃同一种盐和同一种面包来达成约定。

从化学上讲，食盐就是氯化钠（NaCl）。它是一种离子化合物（见第一章第2节拓展：化学键），是一种立方体结构的晶体，其结构如图22所示。盐晶体的结构来自Na^+和Cl^-在立方体顶点的几何有序交替排列。这种立方体的几何形状也可以在宏观结构上看到，如果你用放大镜观察盐的颗粒，可以看到它们除了有由于各种不可避免的原因产生的不规则形状，还有立方体的形状。

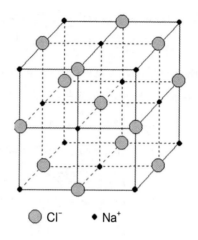

○ Cl⁻　● Na⁺

图22　氯化钠分子的晶体结构

"晶体"一词源于希腊语κρύσταλλος（krýstallos），意思是"冰"。在化学中，所有具有几何有序的微观结构（由原子、离子或分子组成）的固体，都叫作晶体。但并非所有的固体都有这种特点。比如，玻璃就具有无序结构，因此它被称为**非晶体**（amorphous solid），而且玻璃还可以变成黏度非常高的流体。大多数固体都是**多晶体**（polycrystalline），由聚集的小晶体（结晶或颗粒）组成。在某些情况下还有可能会有尺寸很大的**单晶体**（monocrystalline），例如一些在珠宝店中很受欢迎的宝石。

根据所含的化学键，晶体可以分为离子晶体（ionic crystal）、分子晶体（molecular crystal）或原子晶体（covalent crystal）。原子晶体是指原子之间通过共价键连接而成的晶体，因此我们可以将连接起来的原子看成空间内的一个巨大分子。钻石的高硬度就要归功于这种结构。

晶体结构排列的规律性可以看作一个基本单位在空间中的重复排列，以此得到整个晶体，这样的基本单位被称为**晶胞**（unit cell）。根据晶胞的对称元素（直线、平面和中心）可划分出7种**晶系**（crystal system）：立方晶系、菱方（或三角）晶系、四方晶系、六方晶系、单斜晶系、正交晶系和三斜晶系。1848年，法国晶体学家奥古斯特·布拉伐（Auguste Bravais）证明只有14种可以填充三维空间的晶胞，它们被称为**布拉伐格子**（Bravais lattice）。

晶体的结构可以用X射线技术来确定。发出的X射线与晶体的化学键上的电子发生相互作用，产生**衍射**（diffraction）现象。通过对衍射射线的研究，可以确定晶胞中单个原子的空间位置［1953年，罗莎琳德·富兰克林（Rosalind Franklin，1920—1958）、莫里斯·威尔金斯（Maurice Wilkins，1916—2004）、詹姆斯·沃森（James Watson，生于1928年）和弗朗西斯·克里克（Francis Crick，1916—2004）利用这种技术确定了DNA的结构］。其他晶体学技术使用电子束或中子束代替X射线。

当晶体熔化时，它的几何规律性被破坏，在液体中会表现出完全无序的状态。然而，有些物质可以具有介于晶体的有序和无序之间的中间结构（**中间相**），这种物质就是我们在第一章第1节中讨论过的**液晶**。

2011年的诺贝尔化学奖授予了以色列理工学院的丹·谢赫特曼（Dan Shechtman，出生于1941年），以表彰他发现了**准晶体**（quasicrystal）。准晶体中只有部分表现出几何规律性的结构，但这种结构不像真正晶体中的那样在整个空间中周期性地重复，实际上就是每一个晶胞与它周围的晶胞都不一样。这使得从来没有在晶体形态中出现过的五边形对称成为可能。

● 掼奶油与泡沫

　　在对每道菜进行各种化学探究之时，你们的甜点已经端上来了。你和你的同事都点了一份掼奶油草莓。掼奶油（经过搅打的奶油）属于第一章第2节中提到的泡沫类别。不过，它也有一些有趣的地方值得深入了解。未打发的奶油是通过脱脂过程从牛奶中获得的O/W型乳剂（你还记得吗）。奶油中的牛奶脂肪以直径为千分之几毫米的小球形式存在。每一个小球都被一层由蛋白质、磷脂、甘油三酯和胆固醇组成的膜包住。由于磷脂的乳化特性，这层膜可使脂肪小球保持悬浮状态。市场上的奶油都经过了巴氏消毒（Pasteurisation，以其发明人路易斯·巴斯德的名字命名），也就是在高温下快速处理，杀死细菌，从而延长保质期。它还会经过一个均质化处理过程，减小脂肪小球的大小。当奶油被打发时（例如用搅拌器），空气会进入液体中。脂肪小球会圈住空气气泡，作为空气和水之间的分界面，包围着脂肪小球的那层膜也会展开，让球体面向空气气泡内部的那一面露出来。随着打发过程的不断进行，气泡越来越小，最后通过脂肪小球结合在一起，就有了打发后的奶油特有的稠度。成功制作掼奶油的一个重要因素就是温度必须低，2～6℃。在这个温度下，奶油中的脂肪必须有一部分是固体才能发挥对气泡的聚集功能。如果温度较高，脂肪就会变成液体状，就会打发失败。奶油中含有的脂肪比例也很重要，比例越高，打发过程越快。

喝完一杯咖啡后（还记得我们在第一章第3节中如何讨论的吗），你和你的同事从椅子上站起来，是时候该回办公室了。

拓展：碳和有机化学

碳是一种特别的元素。它是唯一一种知道如何在不消耗巨大能量的情况下，与自己结合形成稳定长链的元素。而地球上（我们目前所知的唯一有生命的星球）的生命就需要这些长链。因此，碳是生命物质的基本元素，但它进入生命世界并不容易，得走一条强制性的、错综复杂的道路，直到近几年人们才探知了一二[5]。

普里莫·莱维，化学家、杰出的作家和大屠杀的见证人，在他的著作《元素周期表》（*Sistema Periodico*）中专门论述碳的一章中这样写道。

碳在自然界中主要以3种同素异形体的形式自由存在：金刚石、石墨和无定形碳［还可以再加上一种特殊形式的**富勒烯**（fullerene）[6]］。碳原子结构很简单，只含有6个质子和6个电子。而它含有的中子数是不固定的，因为存在几种碳的同位素。其中最稳定、最广泛的是质量数为12的同位素，叫作^{12}C（质量数＝中子数＋质子数，因此这种同位素含有6个中子）。另外，同位素^{14}C还具有放射性（这就是为什么它会被用于文物年代鉴定，^{14}C与^{12}C

的比例实际上就与文物的年代有关）。

碳的特殊电子构型赋予了它特殊的性质。它的外部电子轨道之间可以以3种不同的方式混杂，这个过程称为**杂化**（hybridization，这是一种数学类型的"混杂"，因为轨道是数学函数，见第一章第1节拓展：原子、分子和原子结构）。

第一种是sp³**杂化**，空间构型为正四面体。以碳为中心，延伸出来的4个键（连接其他原子）分别指向正四面体的4个顶点。以这种几何形状为特征的最简单的分子就是**甲烷**（CH_4），也就是我们家中使用的天然气的主要成分。这种类型的杂化，碳原子之间的键是由一对电子键构成的单键。

第二种是sp²**杂化**，几何构型为平面正三角形。还是以碳为中心，生成的3个键之间的夹角都为120°。碳原子与另一个碳原子形成双键，也就是由两个电子对组成的键。sp²杂化最简单的分子是乙烯（C_2H_4）。

最后一种是sp**杂化**，几何构型为直线形。碳原子与其他碳原子形成三键（3个电子对）。这种几何构型的最简单的分子是乙炔（C_2H_2）。

由于碳原子可以相互结合，甚至还可以形成很长的原子链，所以这种元素的化合物数量非常多，目前已知的含碳化合物就有一千万种之多。这些化合物被称为有机物，碳化学则被称为有机化学[7]，这种说法最初是由瑞典化学家永斯·雅各布·贝采利乌斯于1807年提出，但与现在所指的含义不同。

"有机化学"这一术语的起源就是因为人们曾经认为这些含碳化合物只能由生物体合成，并且遵循与非生物化合物不同的化学原理。这些理论是在**活力论**（vitalism）的概念中发展起来的。根据这种概念，"生命现象"无法用普通的化学和物理定律来描述，而是需要一个神秘因素的干预。这个因素具有形而上学的性质，被称为**生命活力**（也称为**马达补力**或**生命流**）。活力论观念早在古代就出现了，但在18世纪中叶至19世纪中叶才被系统化。活力论的主要代表人物是德国化学家和医生乔治·恩斯特·斯塔尔（Georg Ernst Stahl，1659—1734），苏格兰医生约翰·布朗（John Brown，1735—1788）以及法国医生保罗·约瑟夫·巴尔特兹（Paul-Joseph Barthez，1734—1806）和弗朗索瓦·约瑟夫·维克多·布鲁赛（François-Joseph-Victor Broussais，1772—1838）。活力论的支持者反对机械论主义者，因为机械论与之相反，认为生命可以用化学和物理术语来解释。

1828年，一位名叫弗里德里希·沃勒（Friedrich Wöhler，1800—1882）的年轻德国化学家的发现严重打击了活力论观点。沃勒在与贝采利乌斯合作后，在柏林理工学院教授化学，并同时致力于化学研究。有一天，他通过加热氰酸银（silver cyanate）和氯化铵（ammonium chloride），成功地合成了一种意想不到的化合物，这种化合物呈长长的白色晶体状。这种不寻常的物质与1773年法国化学家希莱尔·鲁埃勒（Hilaire Rouelle，1718—1779）从人的尿液中分离出来的物质相同，所以也就被称为**尿素**（urea），其化学式为$CO(NH_2)_2$，分子结构见图23。它能消除新陈代谢中的含氮产物，因此是一种典型的生物学产物。沃勒通过使用其他试剂完善了合成过程，顺利获得了高纯度的尿素。所以我们说他成功地从无机化合物中合成了一种有机化合物。

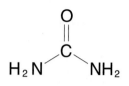

图23 尿素的分子结构

化学史学家们一直在争论沃勒的实验是否真的代表了活力论观点的终结。但是，这种观点当然还是在尿素的合成中幸存了下来，即使在今天也有各种意识形态的复苏，可以将我们重新带回活力论的思想体系中。由于这些原因，也许有时候沃勒的作用被夸大了，但是他的实验确实为许多其他有机合成铺平了道路，并且这些有机合成在随后的时间里接踵而来。

沃勒的合成也迫使化学家重新定义了有机化学。1861年，德国化学家弗里德里希·奥古斯特·凯库莱·冯·斯特拉多尼茨（Friedrich August Kekulé von Stradonitz，1829—1896）将有机化学描述为"对含碳化合物的研究"[8]，今天的人们仍然接受这一定义。

生物化合物确实是有机化合物，也就是含碳化合物。但绝不是说所有的有机化合物都一定具有生物学上的重要性。比如，我们身边所有的塑料物品，它们都是由有机化合物制成的，但不具有生物学上的意义。

有机化学和无机化学遵循完全相同的原理，活力论的观点才是毫无根据。一些富有想象力的学者根据碳以外的元素假设了生命的形式，其中用到的第一个元素就是硅，它的性质与碳相似，与碳属于元素周期表的同一族。我们不知道宇宙中是否存在类似的生命形式，如果有一天它们被发现，那将是化学和生物学的一次非凡革命。

第三章

下　午

3.1 回到办公室

● **胃酸和抗酸剂：酸和碱**

虽然你没点第一道菜，但午餐你还是吃得有点多了。要是不吃那份草莓掼奶油也许会好一点。现在回到了办公室，你感觉肚子里胃酸很多，有点反胃。

在我们胃的内壁上有所谓的**胃腺**（gastric gland）。它们的数量非常多，约500万个，相当于每平方毫米就有100～150个胃腺，而且还分为各种类型。**管状腺体**（tubular gland）占据了**胃体和胃底**（矛盾的是，胃底却位于整个胃结构的上方）的大部分。它们的**壁细胞**（parietal cell）能产生氢离子（H^+）和氯离子（Cl^-），两者结合形成**胃液**（gastric juice）的重要成分——盐酸（HCl）。一般来说，氢和氯的分泌是通过特殊的机制同时进行的，这种机制以配对的方式起作用。但如果是氯的基础分泌，就不会同时伴有氢的分泌了。**主细胞**（principal cell）会产生**胃蛋白酶原**

（pepsinogen）。这种酶（跟所有酶①一样是一种蛋白质）是无活性的，但在盐酸的自动催化下，它会在胃腔中被转化为**胃蛋白酶**（pepsin），这是一种在蛋白质消化中起重要作用的酶。**贲门腺**（cardiac gland）仅位于贲门区域，会产生糖蛋白。位于幽门部的**幽门腺**（pyloric gland）也是如此，但幽门腺还会产生一种特殊的糖蛋白，称为**抗贫血因子**（antianemia factor），又叫**卡斯尔氏内因子**（Castle's intrinsic factor）。如果没有这种因子，我们摄入的维生素B$_{12}$［又叫**钴胺素**（cobalamine）或**外因子**（extrinsic factor）］就不会被吸收。幽门腺还会产生**黏蛋白**（mucoprotein），其作用是保护胃黏膜本身不受胃液的化学侵蚀。在胃液中存在的酶中，还有**脂肪酶**（lipase），它可以参与脂肪的代谢，但是它在胃的强酸环境中是没有活性的（只有在中性环境下才有活性）。最后，在胃中还有**内分泌细胞**（内分泌细胞也普遍存在于心房，但没有明确的定位），产生各种激素，如**胃泌素**（gastrin）。

空腹和消化过程中都会分泌胃液。我们每个人平均每天分泌2.5～3升胃液。它包含99.4%的水，剩下的正如我们前面所提到的，都是蛋白质、具有蛋白质结构的酶、盐酸和盐类。

胃液的产生是由于迷走神经的刺激（味觉、咀嚼和嗅觉以及心理的反射）和局部机制的作用（如胃胀气和胃内存在食物）。胃液分泌也受各种胃肠激素的调节。胃液有多种功能：它可以继续消化食物（特别是蛋白质部分）；可与食物形成**食糜**（由胃产生的液体物质，随后通过幽门进入十二指肠）；可以对营养物质

---

① 此处酶的含义，不包括核酶。

进行消毒（胃液pH值低不利于微生物的存活）；还有重要的抗贫血作用（通过分泌卡斯尔氏内因子）。

我们通常所说的胃酸[1]（你认为是中午吃的草莓搅奶油引起的），其实与普遍的看法相反，它并不是直接由胃引起的（胃基本上不会产生过量的盐酸）。典型的胃灼热（烧心）不是因为胃液里的酸性物质与食物混合，而是酸性物质倒流到食道。我们已经说过，胃的黏膜可以很好地抵御胃液的腐蚀（因此它不会产生胃灼热的感觉）。相反，食道的黏膜没有这种保护作用，就会产生烧心的感觉。餐后少量反流是非常正常的，不会造成任何问题。但如果反流物多，且有一定的频率（每周2～3次），那么就是一种真正的病理性疾病了，称为**胃食管反流病**（Gastroesophageal Reflux Disease，GERD），这种情况下必须得找专业的医生进行治疗。

在正常情况下，为了避免偶尔的胃食管反流，最好遵循一些生理小常识，排在第一的就是不要暴饮暴食。无论怎样，如果实在控制不住自己，吃点抗酸药或许会有用。不过，要想知道抗酸药的工作原理，我们还是多了解一些酸和碱的知识吧。

在日常用语中，任何具有刺激性和（或）腐蚀性的物质都被称为酸，但这并不是绝对的。在化学术语中，"酸"这个词有它确切的含义，然而对它进行严格的定义其实并不容易。除了酸还有碱，它们的化学性质相反，两者会通过**中和反应**（neutralization reaction）产生盐类。

1884年，瑞典化学家、1903年的诺贝尔奖得主斯万特·奥古斯特·阿累尼乌斯（Svante August Arrhenius，1859—1927）第一次尝试对酸和碱进行准确的定义。在阿累尼乌斯看来，酸是一种能在水中离解出氢离子H⁺（质子）的物质；相反，碱是一种能在水中离解出负离子OH⁻（氢氧根离子）的物质，这个负离子由氧原子和氢原子连接组成。阿累尼乌斯的定义在很多情况下都很好用，但它有局限性。这个定义非常"绝对"，阿累尼乌斯没有考虑到特殊情况——同一种物质有可能会既表现出酸的性质又表现出碱的性质。因此，1923年，丹麦人约翰内斯·尼古拉斯·布伦斯特（Johannes Nicolaus Brønsted，1879—1947）和英国人托马斯·马丁·劳里（Thomas Martin Lowry，1874—1936）提出了一个新的定义。根据布伦斯特和劳里的观点，酸是能释放出H⁺的物质，碱是能接受H⁺的物质。这就假设了酸和碱是相互依赖的关系，酸碱反应仅仅是由于质子的交换（就像氧化还原反应是由于电子的交换一样）。当然，失去H⁺的物质有可能重新获得H⁺，同样，获得H⁺的物质也有可能会再释放出H⁺。因此，在布伦斯特和劳里的理论中就将这样的一对酸碱称为**共轭酸碱对**（conjugate acid-base pairs）。

同年，美国人吉尔伯特·牛顿·路易斯提出了一个更为全面的理论。根据该理论，酸是能够接受电子对（同一轨道上自旋方向相反的一对电子）的物质，而碱是能够释放电子对的物质。因此，路易斯的理论将酸和碱的概念扩展到了不一定含有氢的物质，被称为**路易斯酸碱理论**。

为了测定溶液的酸碱度，我们定义了一个叫作pH值的量，在第一章第3节中我们已经说过了。

有些溶液即使在加入了酸或碱之后，仍能保持恒定的pH值。这种溶液被称为缓冲溶液（buffer solution）。我们的血液就是一种有效的缓冲溶液。由于碳酸根离子和碳酸氢根离子之间特殊的酸碱平衡，即使我们吃了酸性或碱性物质，血液的pH值也会保持在7.35～7.45。但某些疾病可能会引起身体的酸中毒（pH < 7.35）或碱中毒（pH > 7.45）。

回到胃酸（或者说是食道里的酸）的问题，可以从两个方面进行防治。一种方法是使用可以限制盐酸生成的抗分泌药物。另一种更常见的方法，就是使用抗酸药物。抗酸药是含有碱性物质的产品，能够中和过量的胃酸。比较传统的抗酸药是碳酸氢钠（$NaHCO_3$）。若是从氢氧化物的角度来看，它并不是真正意义上的碱，而是一种盐；但它是由强碱（氢氧化钠）和弱酸（碳酸）反应生成的，可以表现出碱性物质的性质，与酸发生中和反应。比如，它与胃汁中的盐酸会发生以下反应：

$$HCl + NaHCO_3 \rightarrow NaCl + H_2O + CO_2$$

反应会生成氯化钠（NaCl，普通食盐）、水和二氧化碳气体。服用碳酸氢钠后不可避免地打嗝就是因为CO_2。另外，我们不建议有高血压的人使用碳酸氢钠，因为患此病的人应该限制钠的摄入。目前市面上的很多抗酸剂都是以镁加铝（magaldrate）或氢氧化铝镁［aluminate magnesium hydroxide，$AlMg_2（OH）_7·H_2O$］、氢氧化镁［$Mg（OH）_2$］或氢氧化铝［$Al（OH）_3$］为基础。这些产品不会增加人体钠的摄入，除了这个优点，它们还能与可能存在的胆汁盐结合（胆汁盐首先通过十二指肠反流到胃，然后再反流到食道）。因此，抗酸剂对于由某些疾病引起的碱性反流也是有用的。

● 读一份很长的报告：眼镜、玻璃、光致变色

吃了前段时间医生开的抗酸药后（千万不要轻信亲朋好友的建议，要问医生），胃灼热的感觉就消失了，你也可以专心工作了。老板刚刚发给你一份很长的报告，你必须得看一下。如果只是看一些篇幅短的东西的话，你的视力还是没多大问题的，但要长时间阅读时，你就要戴上眼镜了。你最近买了一副新款的光致变色眼镜——这是化学的真正杰作！

眼镜镜片由玻璃制成，而玻璃本身就是一种特殊的化学产品。

化学中的"玻璃"与我们所熟知的那种玻璃的含义略有不同。其实，凡是无定形的固体，也就是非晶体，都叫"玻璃"。从微观角度来看，玻璃的结构是无序的，与液体的结构非常相似。尽管玻璃的黏性很高，但它仍然可以被认为是液体。化学概念中的玻璃不一定是透明的。例如，呈黑色、不透明并且有光泽的火山矿物黑曜岩（obsidian）实际上就是玻璃。从20世纪60年代开始，化学家们甚至还成功制造出了金属玻璃，也就是具有玻璃特性的金属合金，这些合金表现出非常有趣的性质。

但在我们平常的语言中，"玻璃"与上述微观描述一样，指的是一类材料，但不同的一点就是我们所指的玻璃一般都是透明的。所有这些透明的"正常"玻璃（包括你的眼镜镜片）都有一个共同点：主要由二氧化硅制成。古代的人们早就对这种材料有了认知。根据老普林尼（Plinio il Vecchio，23—79）撰写的《自然史》（*Naturalis Historia*），玻璃的发明可以追溯到公元前3000年的腓尼基（Phoenicia）［今黎巴嫩（Lebanon）一带］。从公元前

2000年开始，埃及人就开始使用玻璃了，这一点从各种考古发现中可以得到证实。从古至今，玻璃的生产和加工技术日臻完善。如今玻璃的种类繁多，为满足实际的不同使用需求，每种玻璃还都有各自的特点。

生产玻璃的原料是存在于许多矿物中（首先就是沙子）的二氧化硅。之前说过玻璃类似于高黏度的液体，这里我们可以确认一下。首先是它的热行为。如果我们对晶体进行加热，温度到达熔点后，我们就会观察到晶体开始从固态变成液态，而且在从固态变为液态的整个转变过程中（固液共存状态），温度会一直保持不变。但是，如果我们加热玻璃，我们只会观察到玻璃在逐渐软化，因为它并没有真正的熔点。除了热行为，玻璃的机械性能也很独特。玻璃在机械应力的作用下会随着时间的推移而变形，尽管我们在短期内观察不到这一变化。从微观层面上来看，这一点则表现为玻璃分子彼此的相对流动，就像在液体中一样。我们通过测量古代玻璃窗（如哥特式大教堂的玻璃窗）的厚度，发现底部玻璃的厚度大于顶部玻璃的厚度，从而就证明了玻璃分子因自身重量而发生了渐进式的滑动。

但玻璃最明显的特点是对可见光透明。如果光能透过某种材料而不被吸收，那么这种材料就是透明的。光（见第一章第5节拓展：光、颜色和物质）是电磁辐射，也就是在空间传播的振荡电场和磁场。这是一种电场和磁场粒子垂直于传播方向［横波（transverse wave）］发生振荡的波动现象。然而，量子力学（或者说是20世纪前30年发展起来的描述微观世界的物理学）将光解释为一份一份能量子的组合，这个能量子就称为**量子**或**光子**。

单个光子的能量取决于辐射的频率（也可以说取决于其颜色：例如，蓝色光子比红色光子的能量更多）。相反，一束光的强度则与单位时间内穿过单位表面的光子数有关。电磁辐射之所以能与物质相互作用，是因为原子和分子在每个状态中的能量值都是确定的（也就是说它们拥有**量子化的能级**）。如果一个光子的能量（也就是特定的频率）等于原子或分子的两个能级之间的能量差，那么光子就可以被吸收。因此，当物质面对特定频率的辐射时，它会表现出不透明的性质。如果不是特定频率，则该物质将会是透明的。正如我们在第一章第1节中已经看到的那样，在固体中，能级组成价带和导带，价带和导带由一个**禁带**（forbidden band）隔开。在玻璃中，**能隙**（禁带宽度）的值比可见光的频率值更高，而且禁带中没有能级。因此，可见光的辐射不被吸收，可以透过玻璃。如果我们使用紫外线辐射，情况就会不一样。紫外线辐射的频率较高，因此能量也较高，可以与玻璃的能隙值相对应。所以紫外线辐射被吸收，玻璃对这种辐射不透明。如果换种物质，将紫外线辐射照射到纯二氧化硅（如石英）上时，紫外线就可以穿过二氧化硅而不被吸收。在制备玻璃的过程中，在二氧化硅中加入其他物质（主要是纯碱，即碳酸钠）可以改变玻璃的能隙值，使它能够吸收紫外线辐射。除了与可能的吸收辐射有关外，当玻璃表现出与光波长相当或更大面积的光学均匀性时，玻璃也会变透明。如果玻璃表现出不均匀性，光就会在各个方向上发生**散射**（scattering）。这通常发生在多晶材料中，由于**晶界**（grain boundary）［相邻晶粒（或**微晶**）之间的界面］的不均匀性（见第二章第2节）而产生光的散射。它也会发生在毛玻璃中，人们故意在玻璃的表面上制造这些不均匀性以使其变得半透明。

玻璃对红外线辐射一般也表现为不透明。红外线辐射的光子能量比可见光的能量低，但却等于玻璃分子振动能级的值。这些能级的产生是因为原子必须围绕它在分子内的平衡位置进行振动。

此外，玻璃中的某些物质还可以使禁带中出现能级。在这种情况下，一定频率的光辐射就可以被吸收，因为不是所有组成白光的色光都能通过玻璃，玻璃就会被染上颜色。如果在熔融的玻璃中加入氧化钴，我们就会得到蓝色的玻璃；加入氧化铜，就会得到绿色或淡蓝色的玻璃；加入锰化合物，就会得到紫色的玻璃；等等。最后，我们注意到，即使是无色玻璃，实际上也不完全是无色的。如果我们从切割边缘（玻璃有一定的厚度是为了增加光线所穿过的厚度）观察玻璃片，就会感觉玻璃略呈绿色，这是因为玻璃中存在一些不可避免的杂质，但是当光线穿过的玻璃厚度较小时，我们就不会注意到这些颜色。

你的眼镜镜片是由玻璃制成的，但你也知道，光学性能与玻璃相当的塑料镜片出现也已经有一段时间。塑料镜片的优点是不易碎、重量轻。相反，玻璃镜片更耐磨损，除了可能会破损的缺点，它们能保持光学性能不变，有更长的使用寿命。

你的镜片还有另一个典型的化学（或者更确切点，光化学）特点，就是具有光致变色功能。这种镜片在亮光下颜色会变暗，起到太阳镜的作用。反之，当镜片处于光线较弱的环境中时，它们就像普通眼镜一样是完全透明的。这些镜片的功能原理与我们在第一章第5节中讨论的摄影原理非常相似。实际上，镜片的这种奇特现象也是因为卤化银。20世纪60年代上半叶，美国康宁公司（Corning Incorporated，制造玻璃、陶瓷和其他类似材料）生产了第一块变色镜片。正如我们在摄影那一节看到的那样，当溴化银受到光的照射时，它会分解并释放出一定量的金属银。如果这种情况发生在镜片里，镜片就会变暗。但问题的关键是如何使这种现象可逆，也就是说当光照停止时，如何让银和溴重新结合，从而使镜片颜色变浅。在照相工艺中这是不可能的，因为银一旦释放出来就会远离溴，因此无法与溴重新结合。但是如果将大小合适的溴化银颗粒嵌入玻璃中，银和溴都会保持在原位置，并且彼此之间有适当的距离，以便在光照停止时可能重新结合。当然，要想从实际应用的角度获得满意的效果，一切都要在合理的时间内进行，并且要有明显的视觉效果。因此，必须慎重选择溴化银颗粒的大小。如果颗粒大小超过15纳米，即使在没有光的情况下，镜片也会显得不透明。相反，如果颗粒小于8纳米，即使有银的释放，也不会观察到镜片变暗。但是我们通过精良的技术，可以生产出尺寸在8～15纳米的溴化银颗粒，一旦它们分散在镜片的玻璃中，就会精确地、并且不知疲倦地进行光致变色工作。

多年来，使用光致变色现象一直是玻璃镜片的专属特权，因为溴化银颗粒技术无法应用于塑料镜片中。不过，一段时间以来，市面上出现了防碎变色镜片（塑料镜片）。这种镜片使用的原理与变色玻璃镜片不同，它是在镜片中加入复杂的有机物［如噁嗪（oxazine）或萘并吡喃（naphthopyran）］，当被光照射时，这些有机物能以可逆的方式改变自身结构，从而使自身和镜片的颜色改变。这些物质通常以均匀的厚度添加到镜片表面。这样做的好处是，即使在镜片厚度变化的情况下，也能使镜片颜色均匀变暗。而变色玻璃镜片则不然，在镜片较厚的地方，变暗的情况可能会更明显。

● 一杯水：水中的化学，矿泉水和自来水

读完报告之后（如果没有眼镜，读起来肯定会更累），你感到口渴。你起身活动活动腿脚，然后去办公室走廊的饮水机那里接了一杯冰水。

从某种角度来看，喝水被认为是世界上最简单的事情。水实际上是一种极为简单的物质，但要研究它的特性却并不简单[2]。水是我们赖以生存的基本物质，长期以来一直被视为一种元素。在希腊传统文化中，水与土、火、气一起代表着四种元素［四元素理论（stoicheia）］或根［四根（rhizomata）］，一切存在的物质都来源于这些元素。但是这里的元素并不是化学意义上的元素，要想从化学角度来了解水，我们必须等到18世纪末。法国伟大的化学家安托万·洛朗·拉瓦锡发现，水是由氢和氧这两种元素结合而成。一个水分子（H_2O）由两个氢原子与一个氧原子构成。两个H—O键之间形成104.45°的夹角。由于氧比氢吸引电子的能力更强（氧具有更强的电负性），所以形成H—O键的电子对不是对称分布在两个原子之间的，而是更靠近氧原子。因此，这两

个H—O键是极性共价键，表现为氧原子带部分负电荷（δ⁻），氢原子带部分正电荷（δ⁺）。这使得水分子的行为就像微小的**电偶极子**一样（电偶极子就是指两个分隔有一段距离，电量相等，正负相反的电荷），水的许多特性都是因为它是极性分子。我们可以用很简单的实验方法来验证水分子的极性。稍稍打开水龙头，让水呈细流状流出来，然后用一根事先用布擦过的棍子（塑料或玻璃的）靠近水流（用布擦是为了使棍子带电），我们会看到细细的水流被棍子吸引，水流路径偏离垂直方向。无论棍子带正电还是负电都会发生这种情况。极性水分子受外界电场的影响就会相应地改变其运动方向。如果我们用非极性液体（如汽油）代替水，就会发现液体流向不会有任何偏离。水分子的极性还可以解释其他事情，比如为什么冰的密度比液态水的密度低。极性分子之间，一个分子的正极部分和另一个分子的负极部分之间会产生吸引力。这种吸引力称为**偶极－偶极相互作用**。如果是极性水分子，带正电荷的部分就是氢原子。由于氢原子电负性极小，它可以在两个水分子之间进行交换，以至我们再也分不清它是属于哪一个水分子。在这种情况下，水分子间的相互作用是一种特殊类型的偶极－偶极相互作用，我们称为**氢键**，氢键使水分子之间紧密连接。这就解释了为什么与类似物质［如硫化氢（H_2S）］相比，水的沸点更高。在常压下，当温度降低至0℃时，水开始凝固，水分子在氢键作用力下按照六边形的几何形状逐渐排列起来（氢键具有极强的方向性）。这种排列方式使水分子之间的平均距离比水液态时更远，因此，冰的密度比液态水的密度低8%左右。冰的密度比水的密度低，这又可以解释为什么人们会在冰上滑倒

（还记得我们在第一章第4节中说过什么吗）。你站在冰面上的时候脚底总是很滑，但实际上你不是在冰上滑倒的，而是在水上滑倒！让我们看看这是为什么吧。随着水的凝固，水的体积会逐渐增大，变成冰（这就是为什么在冬天无人居住的山区房屋中，人们要把水管排空，目的就是防止水凝固后体积增大使水管爆裂）。但是如果将冰块进行压缩，则有利于融化。当我们踩在冰层上时，我们的体重会使鞋底产生压力。这种压力会使冰块局部融化，从而在脚下形成一层薄薄的液态水膜，我们就是在这上面滑倒的（在水坑里不会发生这种情况，因为下面是粗糙的路面，会产生摩擦力，但是在湿润光亮的路面上则会发生）。南极探险家莱因霍尔德·梅斯纳尔（Reinhold Messner）的说法证实了这一点，在极低温（-30～-40℃）的冰面上人根本不会滑倒。因为即使受到我们的重量挤压，极低的温度也会阻止冰的表面融化。同样的原理我们还可以解释为什么冰川会不断向下游移动。冰川的巨大重量施加巨大的压力在冰岩分离表面，这些压力使冰块部分融化，然后冰川在形成的液态水层上向下滑动。最后，还有一种魔术也是利用了相同原理，这是一种有趣的现象，称为**复冰现象**（regelation）。如果我们在一块冰上放一根钢丝，钢丝两端系有砝码，用来增加钢丝线在冰块上的压力，慢慢地钢丝就会陷到冰块里面去，直到完全穿过冰块。但是钢丝穿过之后的冰块仍是完整的。钢丝所施加的压力融化了部分冰块，造成了一个切口。但是液态水仍然留在裂缝中，并在一段时间后由于低温而再次凝固（复冰），所以最后冰块仍是完整的（图24）。

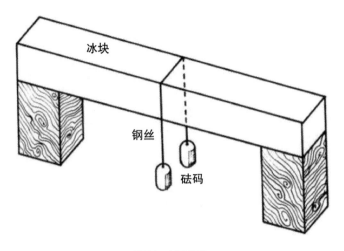

图24　复冰现象

　　水分子的极性也解释了为什么相对于离子物质或极性物质而言，它是极好的溶剂。比如，当我们将普通食用盐（氯化钠）溶于水时，钠离子（Na^+）和氯离子（Cl^-）之间的吸引力减弱，每个离子都被一定数量的水分子包围［**溶解**（solvation）］。水分子中带负电的氧离子会靠近Na^+，而水中带正电的氢离子会更靠近Cl^-。但水不能溶解非极性物质，如油类（见第一章第2节中关于表面活性剂的讨论）。

　　水的氧原子上有两对电子没有成键（**非键合电子**或**孤对电子**）。除了解释水分子的折叠几何形状，这些电子在确定水分子的化学性质方面也具有相当重要的意义。例如，如果水与酸接触，孤对电子的存在可以使水分子与H^+相互作用形成H_3O^+［**水合氢离子**（oxonium ion）］。根据布伦斯特和劳里的说法，也就是说水表现得像碱一样（因为能与酸反应）。例如水与盐酸就会有以下反应：

$$HCl + H_2O \rightarrow H_3O^+ + Cl^-$$

另一方面，根据布伦斯特和劳里的说法，如果水与碱〔例如氨气（NH_3）〕接触，它可以作为酸提供一个H^+：

$$NH_3 + H_2O \rightarrow NH_4^+ + OH^-$$

简而言之，就是根据反应物质的不同，水可以表现为酸性，也可以表现为碱性。我们把具有这种特性的物质称为**两性物质**。水的两性特征可以使两个水分子相互作用，一个作为酸，另一个作为碱。由此有了下面被称为水的**自耦电离**（autodissociation）平衡或**质子自迁移**（autoprotolysis）平衡的反应：

$$2H_2O \rightarrow H_3O^+ + OH^-$$

但是由于能解离成离子的水分子极少（在25℃时，5.5亿个水分子中只有一个水分子解离），这一平衡式更容易向左移动。但这个平衡依然非常重要，因为它调节着自然界中所有的酸碱平衡（包括你胃里的酸碱平衡）。

喝了饮水机里接出来的那杯凉水，你感到非常愉悦。饮水机里有冷却器，可以使水变凉。桶装水的包装上一般会标注名字和水源地。办公室里的是正常的矿泉水。记得你曾经和一个朋友就矿泉水好还是自来水好的问题进行了很长时间的讨论。虽然讨论了很久，但你们仍无法达成共识。这不是一个简单的问题，也没有一个确定的、普适的答案。不过，自来水和矿泉水肯定是有区别的[3]。

根据法律规定，所有饮用水中的微生物或其他物质的浓度不得超过对健康造成危害的浓度。

水必须立即装瓶才能被称作矿泉水，因为它是从水源流出来的，没有经过任何处理。而自来水在通过输水管道分配给用户之前，可能会经过化学处理，以确保其可饮用性。

矿泉水必须来自受保护且无污染的泉水或地下水。水源必须无菌纯净，且化学成分和温度相对稳定。水的包装瓶上必须贴上标签，标明它的产地和主要化学物理特性。而自来水一般取自水体，甚至是浅层水体（湖泊、河流、地下或浅层含水层），通常会进行杀菌消毒处理（通过使用氯气、次氯酸钠和二氧化氯等试剂）和其他必要的处理（沉淀、过滤、澄清、絮凝、软化等），以消除各种化学污染和一些不需要的杂质。

矿泉水中还含有矿物盐，再加上少量的微量元素就可以使水具有特殊的性质。

矿泉水必须得到卫生部门的专门认可，而自来水则是获得国家、地区或省特许权的公共用水，可以引入输水管道。

这两种水都受专门的管制。矿泉水要接受卫生部门和生产企业自控系统的定期检查和核实，并需要在整个生产周期中进行频繁的抽样检查。每隔5年还需要更新包装标签，并进行所有必要的产品分析。

而自来水要受到其他定期检查的管制，以确保其可饮用性。自来水与矿泉水不同，自来水的一些参数标准（如亚氯酸盐、溴酸盐等）的控制取决于自来水所进行的处理，而矿泉水则不需要这些处理。

● 家用净水设备、反渗透作用

我们不能笼统地说矿泉水好还是自来水好，每一种水应分开来单独评估。可以肯定的是至少在发达国家，他们的监管措施完全保证了这两种水的健康安全。但如果我们考虑到水的感官特性，情况就有所不同。市面上的矿泉水保证了较好口感，而自来水虽然可以饮用，却不一定很好喝。为此，现在市面上有很多可以改善自来水特性的家用设备。有些设备是真的有效，而有些则是彻底的骗局，我们下面马上就会谈到这个。

有效果的设备包括过滤壶和反渗透装置。过滤壶的滤芯通常包含活性炭或离子交换树脂（Ion-exchange Resin）。活性炭具有很强的**吸附性**。吸附是一种在物质表面发生的物理化学现象，由于物质表面的分子与物质外部的分子相互吸引，产生分子间的相互作用，从而使物质表面可以吸附其他物质。离子交换树脂是一种聚合物，具有的特殊官能团会吸附水中存在的其他正离子和负离子，并将其替换为H_3O^+和OH^-（H_3O^+和OH^-共同形成水）。因此，通过离子交换树脂过滤出来的是**去离子水**。滤水壶可以用来减少饮用水中氯的含量和钙、镁离子的含量（决定水的硬度）。

反渗透装置利用了我们在第一章第3节中讲到的渗透现象。这些装置中使用了半透膜，水受到的压力高于其渗透压，因此水（溶剂）就会被迫穿过半透膜。所以穿过膜的水是纯净的，而所有溶解的离子都聚集在半透膜的另一侧。这样得到的去离子水不能直接饮用，因为我们需要水中有矿物盐。所以必须将去离子水与原水混合，适当地掺入一定量的盐分。

过滤壶的价格适中，但反渗透装置的价格却十分昂贵，因此我们应该仔细考虑购买这种装置是否合适。除非你有特殊需求或者你们家的饮用水质量特别差，否则不建议购买，因为这种装置通常很复杂，不适合家用。

过滤壶和反渗透装置确实有效，但商家在销售策略上往往会采用欺诈手段。为了给潜在客户留下深刻印象，商家有时会做一些让人好奇的演示，让客户相信自己家的自来水质量不好。这些演示中商家会在水样中引入两个连接在电流发生器上的电极，然后他们说水中形成的大量铁锈色沉淀物表明水中杂质较多。实际上，沉积物是由电极（电解现象）产生的，与水质无关。商家所用的这种方法最多只能粗略地说明水的电导率，进而说明水中溶解的盐类含量。但是，还没有绝对的证据表明含盐量低的水一定比含盐量高的水更健康。此外，所有那些在市面上流行了一段时间，并且商家承诺可以生产活力水、能量水、电解水、碱化水、磁化水等的设备，都没有科学依据。

● 没电的计算器：电池、电化学

喝完水之后，你回到办公桌前，拿出一张资产负债表，需要检查一些数字。你从抽屉里拿出电子计算器，但发现它没电了。不过还好你有一个备用的新电池。你可能从来没有想过，从你手表中的纽扣电池到汽车中的铅酸电池，所有化学电池都是依靠化学反应来工作的[4]。所有的电池都运用了一种特殊的化学反应，称为**氧化还原反应**（oxidation-reduction reaction）。化学中的"氧化"一词不仅是指与氧的结合反应，更普遍一点来说是指化学物质失去电子的任何过程（与氧的结合也包括在这个定义中）。而还原则是指任何获得电子的过程。由于电子几乎不存在自由态，所以每当一种物质发生氧化作用时，一定会有另一种物质发生还原作用，这两个过程总是联系在一起，所以我们称其为氧化还原反应。因此，氧化还原反应涉及了两个反应物之间的电子交换，电子有序的流动组成电流（至少在金属导体中是这样）。这就可以理解为什么可以利用氧化还原反应产生电流。众所周知，第一块电池是由亚历山德罗·伏打（Alessandro Volta，1745—1827）发明的。在了解到1791年前后路易吉·加尔瓦尼（Luigi Galvani，1737—1798）对青蛙进行的实验后，伏打并没有接受加尔瓦尼提出的关于存在"动物电"的理论。伏打认为，在解剖青蛙的肌肉中观察到的收缩并不是因为动物身上存在电，而是因为实验中使用的不同金属的电弧所产生的电流。而恰恰是由于实验中所涉及的金属的不同特性使一个金属失去电子，另一个获得电子（电子要到1800年年底才会被发现，所以伏打不可能知道这一点）。伏打在1799年年底制作了他的第一块电池，并于1800年3月20日与英国皇家学会主席进行了电池的交流。他的"电动装置"（或"柱状装置"）由交替的锌盘和铜盘构成，金属之间用浸泡在硫酸中的毛毡隔开。伏打制作的电池从历史和概念的角度来看是很重要的，但它在工作中却存在不少的问题。1836年，英国化学家约翰·弗雷德里克·丹尼尔（John Frederic Daniell，1790—1845）完善了伏打在电池方面的工作，他制造了一种锌铜电池（图25），其中锌为负电极，浸泡在硫酸锌（ZnSO₄）电解溶液中；铜为正电极，浸泡在硫酸铜（CuSO₄）电解溶液中。但要使电池正常工作，这两种盐溶液必须通过盐桥连接起来。这里的盐桥就是一根装满硝酸钾（KNO₃）的饱和溶液的管子，管子两端的盖子（如多孔玻璃）可以渗透离子和水。

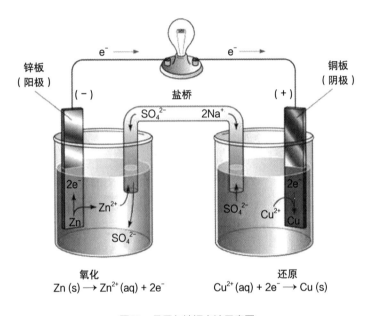

图25　丹尼尔锌铜电池示意图

在丹尼尔电池中，锌被氧化失去两个电子，变成锌离子（Zn^{2+}）进入溶液。

$$Zn \rightarrow Zn^{2+} + 2e^-$$

另一侧，硫酸铜溶液中的铜离子（Cu^{2+}）被还原，获得了锌失去的两个电子，变成了金属铜：

$$Cu^{2+} + 2e^- \rightarrow Cu$$

但是只有当铜（**阴极**）和锌（**阳极**）两个电极连接外部电路时，才会发生这两个"半反应"，其中锌失去的电子流向铜，从而产生电流。

随后的几年里，人们使用不同的材料作为电极和电解质，制造出了许多其他类型的电池。但所有的这些电池都运用了能发生电子交换的氧化还原反应。

1886年，卡尔·加斯纳（Carl Gassner，1855—1942）申请了锌碳电池的专利。这种电池进一步发展了乔治·勒克兰奇（Georges Leclanché，1839—1882）的一种电池型号（于1866年发明并申请专利），多年来一直占据市场龙头地位。锌碳电池的锌外壳（阳极）构成了一个圆柱形的容器，里面装有作为电解质的二氧化锰和氯化铵与碳粉的混合糊状液体。阴极是一根浸在电解液中的石墨棒。但是随着电池行业的发展，锌碳电池不得不面对20世纪50年代发明的碱性电池的竞争，之所以叫碱性电池，是因为电解液中含有碱性的氢氧化钾（KOH）。纽扣电池（常用于手表、计算器等）的电解质通常是氧化银。在此之前，同样也非常流行使用以氧化汞作为电解质的水银电池〔由鲁本（Samuel Ruben）和马洛里（Philip Rogers Mallory）的公司共同开发出来〕。但由于水银有毒，后来逐渐被禁止使用。自20世纪70年代以来，锂电池的使用开始普及。很多电池在放完电后就不能再用了，而锂电池就弥补了这一缺点，如果有与负载电流方向相反的外部电流通过时，它就可以进行充电。在充电过程中锂电池内部的反应向反方向进行，产生电流，一旦反应物得到恢复，电池就可以重新使用。

拓展：化学平衡

对化学家来说，解释化学平衡中的各组成，并了解它们如何受到如温度和压力等外部条件的影响，这是非常有趣的[5]。

在化学反应中，初始物质（**反应物**）会转化为其他物质（**生成物**）。在一些特殊反应中，生成物形成之后还会继续发生反方向的反应，生成反应物。换句话说，这些反应既能正向进行又能逆向进行，因此被称为**可逆反应**（reversible reaction）。

可逆反应的发现有一段相当奇特的历史。1798年，拿破仑在埃及进行军事和科学考察时，让当时杰出的法国化学家克劳德·路易·贝托莱随行。到了埃及，贝托莱注意到环绕盐湖的湖岸有碳酸钠（Na_2CO_3）的沉积。贝托莱知道碳酸钠能与氯化钙（$CaCl_2$）反应生成碳酸钙（$CaCO_3$）和氯化钠（$NaCl$），也就是下面的这个反应：

$$Na_2CO_3 + CaCl_2 \rightarrow CaCO_3 + 2NaCl$$

在他看来，湖岸边碳酸钠的沉积应该是水体中高浓度的氯化钠造成的结果，所以他认为逆向的化学反应也是有可能发生的。贝托莱将他的思考写进了一本书，于1803年出版，题为《论化学静力学》（*Essai de statique chimique*），但由于他的推理中存在一些错误，该书并没有立即引起广泛的关注。

经过一定时间后，可逆反应达到表面上的静止状态，反应物和生成物共存，各组分浓度随时间保持恒定，这种情况就称为**化学平衡**（chemical equilibrium）。可逆反应无论从正反应开始，还是从逆反应开始，都可以达到同样的平衡状态（所以此时我们对反应物和生成物的区分变得很随意）。

我们刚刚所说的反应达到了平衡的静止状态只是从宏观层面来讲。而从微观层面上来看，内部反应仍在继续向两个方向进行。在一定的时间间隔内，反应物转化为生成物，而生成物又马上会转化为反应物。这就使得反应物的浓度和生成物的浓度保持不变。所以，化学平衡是一种动态平衡，而不是静态平衡（指反应进行到此就完全停止）。

另外，各物质的浓度是相互联系的。如果其中一个有变化，其他的物质也都会发生变化。这就意味着必须有一种数学关系来把它们的变化联系起来。这种关系被称为**质量作用定律**（law of mass action），由化学家彼得·瓦格（Peter Waage，1833—1900）和数学家卡托·马克西米利安·古德贝格（Cato Maximilian Guldberg，1836—1902）于1864年提出。他们都是挪威人，而且还是郎舅关系（瓦格娶了古德贝格的一个姐妹）。这个定律定义了一个叫作**平衡常数**（equilibrium constant）的量，其值取决于反应的类型和温度。另外，不可逆反应可以认为是一种极限情况，它的平衡常数趋于无限大。

平衡状态下，反应物和生成物的浓度保持恒定，但我们可以通过作用于一些外部因素来改变化学平衡。首先就是浓度，如前面提到过的，从反应外部哪怕只改变一种物质的浓度，其他所有物质的浓度都会改变。其次就是温度，而对于气态物质来说，还可以改变压强，温度和压强都能影响化学平衡。法国化学家亨利·路易·勒夏特列（Henri-Louis Le Châtelier，1850—1936）在1884年提出的一个理论使我们可以预见这种外部扰动的影响。他指出，任何处于平衡状态的化学系统，在受到外界作用时，都会倾向于将作用本身的影响降到最低。这一原理在实际操作中也非常重要，它可以确定发生反应的最佳条件，从而获得想要的产物。

运用热力学的方法可以研究化学平衡[6]。化学反应实际上涉及能量的变化，而研究能量交换和转化的热力学正好为我们研究化学反应提供了有用的工具。化学热力学定义了一些特殊的量，称为**状态函数**（state function），它们对描述化学反应行为极为有用。其中有一个被称为**吉布斯自由能**（Gibbs free energy）[以美国物理学家和化学家乔赛亚·威拉德·吉布斯（Josiah Willard Gibbs，1839—1903）的名字命名]的状态函数可以预测一个反应是否会自发进行。如果自由能的改变量是负数（放能反应），反应将自发进行。如果改变量为正数（吸能反应），则不会自发反应。最后，如果自由能的变化等于零，反应就会处于平衡状态（见第四章第1节拓展：反应的自发性、热力学和动力学）。

热力学状态函数具有宏观性质。但是也可以根据单个分子的行为在微观层面上进行解释。通过将统计学的方法应用于描述由大量分子组成的集合，我们就有了**统计热力学**（Statistical thermodynamics）。统计热力学的奠基人是奥地利人路德维希·玻尔兹曼（Ludwig Boltzmann，1844—1906），但在他那个时代，很少有人理解他，后来他因重度抑郁于1906年自杀身亡。

3.2 下班后的放松

● **散步：空气中的化学及其研究史**

结束了一天的工作，你得以休息。回到家把车停在车库里，你连楼都没上就直接换上运动服和运动鞋出去了，想到附近的公园里走走，活动筋骨。虽然是冬天，但今天的天气十分晴朗。此时太阳开始下山了，但在户外的感觉还是十分清新。

我们前面提到过，古代人认为空气与水、土、火一起代表着4种元素。但实际上并非如此。18世纪，伟大的化学先驱们开始研究空气的成分。他们的故事妙趣横生，值得我们再次品读。

古代哲学家的纯理论性研究，偶有发人深省的有力见解，比如原子论，却完全缺乏实际的论证。此类猜想颇具主观性，因为他们无法证明观点的客观有效性。而炼金术士[7]则把实验放在举足轻重的位置。但是与真正的科学不同，炼金术除了是一门神秘的学科，也是一门精神学科，通常限于少数刻意使用晦涩语言的内行。他们的方法与现代科学的原则和价值大相径庭，有悖于始于伽利略等几乎所有引领科学革命的主角。17世纪的学者们开始普遍接受这样一种观念（这一观念在今天看来是理所当然的，但在当时却是异端邪说），根据这一观念，每一个猜想和每一种理论在某种程度上都必须通过实验进行验证。就物质和化学而言，第一个为解释实验数据的理论——**"燃素学说"**（The Phlogiston Theory）应运而生。炼金术士在这一点上忠于亚里士多德，也认为火是一种元素。因此，当一种物质燃烧时，该物质会释放出火。1669年，德国炼金术士约翰·雅希姆·贝歇尔（Johann Joachim Becher，1635—1682）用一种新的易燃性元素取代了亚里士多德的"火"元素，他称之为"油状土"（terra pinguis）。贝歇尔的弟子，德国医生、化学家乔治·恩斯特·斯塔尔继承了他的衣钵，并提出将易燃性元素改称为**"燃素"**（phlogiston）。燃素学说很好地解释了燃烧现象。在斯塔尔看来，可燃物质中含有丰富的燃素。在燃烧过程中，燃素消失殆尽。燃烧后的残渣因燃素的缺失而不能再燃烧。同样的理论也能解释为什么金属会生锈或"钙化"（今天我们称为氧化），以及如何通过煤加热金属矿石（石灰）来获得金属。在生锈过程中，金属的表现类似于燃烧的物质，会失去燃素。而当用煤加热矿石时，煤中富含的燃素就会释放到矿石中。这样一来，金属便恢复如初，且富含燃素，而煤则变成了不含燃素的灰烬。需要指出的是，根据斯塔尔的理论，无论是在燃烧还是在金属生锈的过程中，空气都没有起到任何积极作用。它只是充当一个中介，从含有燃素的物质中收集燃素，再将其释放到那些缺少燃素的物质中。

到了18世纪末，许多学者把兴趣转向了对气态物质的研究[8]。第一个对气体研究做出重要贡献的人是让-巴蒂斯特·范海尔蒙特

（Jean-Baptiste Van Helmont，1577—1644），他引入了"气体"一词，这是希腊语χάος（cháos）的变形，意为"无形无序的初始物质"。范海尔蒙特也是第一个发现并制备空气以外的气态物质的人，也就是所谓的"森林气体"，它是从木材燃烧中获得的，相当于我们今天所说的二氧化碳。气态无疑是物质最简单的状态。因此，气体研究为物质研究开辟了新道路，特别是使物质的某些特性首次得到了定量研究。

与气体研究有关的第一批定量研究结果在17世纪初开始出现。埃万杰利斯塔·托里拆利（Evangelista Torricelli，1608—1647）和奥托·冯·格里克（Otto von Guericke，1602—1686）关于气压的实验表明，气体也是有重量的，这证实了气体只是物质的一种特殊形式。1622年，英国人罗伯特·波义耳以及后来的法国人埃德姆·马利奥特（Edme Mariotte，1620—1684）都发现了相同的气体定律：在恒温条件下，气体的体积和压强成反比关系。这一定律与气体的化学性质无关，适用于所有气体，它是我们论证所有气体的行为都实质性相似的第一个线索。正如后来所解释的那样，这种相似性必须在某种程度上与所有物质的结构联系起来。

1754年，苏格兰医生约瑟夫·布莱克（Joseph Black，1728—1799）在其博士论文中介绍了对一种新气体的研究结果。这种气体是通过加热矿石**白苦土**（magnesia alba，碳酸镁，$MgCO_3$）而获得的，与范海尔蒙特的"森林气体"具有相同的特性。布莱克还发现，加热后的矿石残渣（氧化镁，MgO）可以与这种气体重新结合，生成碳酸镁。布莱克称这种气体为固定空气（fixed air），今天我们知道这种气体就是二氧化碳。

1766年，英国化学家亨利·卡文迪许（Henry Cavendish，1731—1810）发表了他对另一种气体的研究结果。这种气体可以通过酸与金属的反应来制备，后来被人们称为氢气，它性质特殊，轻盈且易燃。由于卡文迪许是燃素学说的坚定支持者，他认为自己分离出的气体正是乔治·恩斯特·斯塔尔提出的易燃性元素。另一位化学家，英国人约瑟夫·普里斯特利（Joseph Priestley，1733—1804），在1774年通过加热"汞灰"（氧化汞），成功制备了一种新的气体。这种新气体虽然不具有可燃性，但却能促进其他物质的燃烧。此外，这种气体还可以供给生物呼吸来维持动物的生命，而卡文迪许和布莱克的气体却无法做到这一点。由于这种新的气体与卡文迪许的气体性质如此迥异，因此普里斯特利将其称为"脱燃素空气"。实际上，依照斯塔尔的理论，气体的这种支持其他物质燃烧的能力可以归功于它对燃素的高吸收性。

安托万·洛朗·拉瓦锡被一致认为是现代化学的奠基人[9]。他将化学从炼金术的神秘背景中彻底解放出来，使其成为一门现代科学。拉瓦锡的伟大贡献在于，他系统而严谨地将伽利略的定量方法引入了物质转化的研究中，将物质从定性到定量的转变开拓到极致。拉瓦锡对定量研究的重视，在他早期的工作中已经显现。例如，1764年对石膏成分的测定。拉瓦锡成功驳斥的第一个炼金术概念是**嬗变**（transmutation）。忠于四元素理论的炼金术士们坚信一种元素有可能转化为另一种元素。例如，水在经过长时间加热后会得到固体残渣。这一现象被炼金术士们解释为水对土的嬗变。拉瓦锡试图验证这一说法，他将水煮了101天，在水沸腾的过程中，他精确地回收了形成的蒸气并使其重新凝结成水。在实验结束时，他确实观察到了固体沉积物的形成。但是，通过称量水、固体残留物和容器的重量，拉瓦锡得出了与炼金术士不同的结论。水的最终量（收集的蒸气凝结而成的水）与初始量完全相等，这说明固体残渣不是由水的嬗变产生的，而是由于盛水容器的一部分玻璃被溶解后结晶所致。在实验结束时，容器的重量比最开始时要轻一些，损失的重量与固体残渣的重量完全一致。

拉瓦锡的另一个重要发现是关于物质的燃烧，正如我们前面所看到的，这是当时化学的主要议题之一。他的第一个实验是关于金刚石的燃烧。通过观察二氧化碳的产生，拉瓦锡推断出金刚石与碳的化学性质相似。随后，拉瓦锡的注意力集中在金属的煅烧上。我们已经看到了燃素学说是如何解释这些现象的。像当时的其他化学家一样，拉瓦锡清楚地意识到，通过加热金属而获得的灰烬在质量上要比之前的金属更重。这一事实驳斥了燃素学说，因为根据燃素学说，在煅烧过程中，金属必须失去燃素。因此，为了自圆其说，我们必须得假设燃素的重量为负数，才能使煅烧前后重量的增加合理化。在我们看来，这种解释未免有些牵强，但当时的化学家们默然噤声。不过，很显然，拉瓦锡较真了。通过测量，他意识到当在一个密闭容器中煅烧金属时，金属增加的重量与空气减少的重量相等。并且不管怎样，这个容器中物质的总质量保持不变。通过这种方式，他意识到有什么东西从空气中转移到了金属上，并且不能像燃素学说所说的那样反应可逆。拉瓦锡还将他的考虑拓展到其他物质的燃烧上，例如木材。显然，木材燃烧后得到的灰烬比最初的木材更轻。但是，如果把燃烧得到的气态物质也收集起来，就可以证实，燃烧产物的重量（今天我们称为质量）之和正好等于初始物质（木材加空气）的重量之和。拉瓦锡把这一原理的验证延伸到了所有的化学转化上，因此他提出了质量守恒定律，它是物质的基本原理之一。物质既不会被创造，也不会被毁灭，这种想法本身并不具备绝对的时代远见性，自古有之，并不断伴随着西方思想史革新而发展。只是得益于拉瓦锡的工作，它才获得了那种实验论证的合理性和细节考究的严谨性，因此可以在认识物质现实的过程中大放异彩。

但是，拉瓦锡的燃烧理论并未完备，我们还需确定从空气中转移到金属里的究竟是什么。1774年，拉瓦锡得知普里斯特利发现了"脱燃素空气"。次年，拉瓦锡发表了一篇论文，他对燃烧提出了以下解释：空气不是一种单一的气体，而是两种气体的混合物。在金属的燃烧和煅烧过程中，只有普里斯特利的脱燃素空气参与其中。他把此气体称为"氧气"（oxygen，字面意思是"酸的发生器"，因为他错误地认为它是所有酸的成分）。这位科学家于是专注于研究氧气的性质。因为氧气能供给呼吸，拉瓦锡就判定燃烧过程和呼吸过程之间有绝对的相似性。毕竟在呼吸过程中，吸入氧气，呼出二氧化碳，这跟燃烧过程如出一辙。拉瓦锡与著名的天文学家皮埃尔·西蒙·德·拉普拉斯（Pierre-Simon de Laplace，1749—1827）一起对呼吸过程进行了定量研究。他惊讶地发现，吸入的氧气并不是全部以二氧化碳的形式排放出来，生物体还保留了一部分。同年，卡文迪许继续对他发现的气体（氢气）进行实验。值得注意的是，他发现这种可燃气体燃烧后会产生水。于是拉瓦锡开始相信水是由氢和氧组成的，而不是炼金术士所认为的元素。此外，他还推测动物机体中既含有碳也含有氢。在呼吸过程中吸入的氧气，部分与碳结合，以二氧化碳的形式排出体外，部分与氢气结合以提供水。

通过一些简单的想法，最重要的是通过不可替代的测量工具，拉瓦锡就这样只在一个概念框架中理顺了一系列的化学现象。同时，他也彻底地消灭了几千年来围绕物质世界的一系列模糊的规则和晦涩的真理。最后，在生命将息时，拉瓦锡设计了一个合理的化学命名体系，为物质世界的明晰界定做出了贡献。1789年，他发表了《化学基础论述》（*Trattato elementare di chimica*）一书，总结了他所有的主要观点，这是现代第一部化学教科书。

但是，他同时代的人并不赞赏他。1794年，他在法国大革命期间被送上断头台，只因他曾在君主制期间担任过税务官等重要的公职。革命者因此把他蔑视为一个罪恶滔天的权术傀儡，而忘记了他对科学的非凡贡献。伟大的数学家约瑟夫·路易·拉格朗日（Joseph-Louis Lagrange，1736—1813）在拉瓦锡死后评论说："砍掉那颗脑袋只需片刻，但另一颗聪颖卓越的脑袋的诞生，也许一个世纪的时间都不够。"

今天我们明确地知道了空气的化学成分，如表3所示：

表3　干燥大气的平均组成（按体积计算）

	成分	体积百分比／%
主要成分	氮气	78.084
	氧气	20.946
	氩气	0.934
	水蒸气	体积多变，通常约为1
次要成分	二氧化碳	0.0383
	氖气	0.0018
	氦气	0.0005
	甲烷	0.0002
	氪气	0.0001
	氢气	0.0001

注：二氧化碳（CO_2）和甲烷（CH_4）的浓度因季节和测量地点而异。

● 臭　氧

在距离地球表面15～35千米处（相当于平流层的下面），有一种新的空气成分：臭氧。这种气体由瑞士籍德国化学家克里斯蒂安·弗里德里希·舍恩贝因（Christian Friedrich Schönbein，1799—1868）于1839年发现。在白磷的缓慢氧化和水的电解过程中，舍恩贝因注意到有一种带有蒜味的气体产生，这种气体类似于暴风雨来袭时，闪电过境后触发的那种嗅觉。于是他引入"臭氧"一词来表示这种气体，该词来源于希腊语ὄζειν（ózein），正好就是"闻""发臭"的意思。区别于普通的氧气——由2个原子构成，臭氧分子由3个氧原子构成。臭氧是氧气的一种**同素异形体**（来源于希腊语ἄλλος，意为"其他"，τρόπος，意为"方式"）。

臭氧性质十分不稳定。在20℃时，气态臭氧的半衰期为3天，而液态臭氧的半衰期仅为20分钟，且易爆炸。

空气中的氧气在光化学过程中可以转化为臭氧，因此，在大气中，臭氧可以通过闪电放电而形成。所涉及的化学反应如下：

$$3O_2 \xrightarrow{\text{放电}} 2O_3$$

臭氧也可以通过一些仪器来制备，但因为臭氧储存困难，所以必须在使用时现场制取。臭氧具有消毒杀菌作用，因此可用于游泳池、输水管道、食品工业等方面。

除了大气层，臭氧有时也会出现在近地面上，这主要是由于城市污染产生了有利于臭氧形成的前体物（挥发性有机化合物、氮氧化物等）。臭氧的毒性相当大，当它在空气中的浓度超过一定的值时，就会引起眼睛和上呼吸道的刺激和炎症，并随之出现流泪、咳嗽、呼吸困难和呼吸急促等不良反应。如果说近地面的高浓度臭氧有害健康，那么在大气层中的臭氧则对我们的生存大有裨益。臭氧层对太阳的紫外线（UV）辐射有过滤作用。所谓的UV-C辐射（波长为10～280纳米）会被双原子氧分子（O_2）吸收，它们相互反应产生臭氧。而UV-B辐射（波长为280～315纳米）几乎完全被不断形成和分解的臭氧分子吸收。最后，能量最低的UV-A辐射（波长为315～400纳米）可以穿过臭氧层，到达地球表面。可见光辐射、部分红外辐射和其他来自太空的辐射也是如此。

20世纪70年代以来，人们开始认识到（除了正常的局部变化：例如，臭氧层在赤道较薄，而在两极处较厚），由于广泛用于制冷工业（冰箱、空调等）的氟氯烃化合物（CFC）的无节制排放，臭氧层可能会受到破坏。因为氟氯烃可与大气中的臭氧发生反应，来降低臭氧的浓度。由于发现了氟氯烃在大气化学中的作用，3位科学家于1995年获得诺贝尔化学奖，他们分别是：墨西哥人马里奥·何塞·莫利纳·亨里克斯（Mario José Molina Henríquez，生于1943年）、美国人弗兰克·舍伍德·罗兰（Frank Sherwood Rowland，1927—2012）和荷兰人保罗·约瑟夫·克鲁岑（Paul Jozef Crutzen，生于1933年）。这说明化学家可以为环境保护做出重要贡献，他们绝不是工业的奴隶。

从1984年开始，人们还发现在极地地区，特别是南极洲上空，臭氧层的变薄尤为明显。所以从那时候起，**臭氧空洞**的问题便被一再提及。"臭氧空洞"一词表明，极地上空的臭氧层厚度呈周期性降低。在春季，衰减尤为明显。随着越来越多的人指责氟氯烃的滥用是导致臭氧空洞的罪魁祸首，一项以氟氯烃为主题，致力于管制这类化合物的生产和使用的国际条约——《蒙特利尔议定书》（*Montreal Protocol*）就此诞生。该议定书于1987年9月16日签署，1989年1月1日生效，此后又经过多次修订。当然，也有些人认为氟氯烃并不是造成臭氧空洞的唯一元凶。

● 慢跑、运动鞋：橡胶中的化学

你来到了公园，深吸一口空气（幸好这一带没有什么臭氧）后就开始跑步了。你想试试新买的跑鞋——一双由先进材料制成的科技瑰宝，其中，橡胶肯定是占据主体地位的材料。

橡胶是自欧洲人发现美洲以来就广为人知的众多产品之一。克里斯托弗·哥伦布（Cristoforo Colombo）和其他探险家了解到，南美洲人民长期以来一直在使用一种从植物中提取的乳胶，但在很长时间里，人们都熟视无睹。法国地理学家、数学家查尔斯·玛丽·德·拉·康达明（Charles-Marie de La Condamine，1701—1774）对这种产品表现出了好奇心，并在1736年对亚马孙进行的一次地理考察期间，从当地的察察利人（Tsachali）那里学习到了这种乳胶的提取技术和可能的用途。乳胶提取自属于大戟科（*Euphorbiaceae*）的**橡胶树**（*Hevea brasiliensis*）。察察利人通过割开树皮来提取乳白色液体状的乳胶。他们叫它天然橡胶（caoutchouc）或生橡胶，意思是"哭泣的木头"。天然橡胶被制成各种防水材料，应用范围包括他们在河上使用的独木舟。考察归来的康达明，带回了几个乳胶样品。样品只会在短时间内保持液态，之后就会变得干硬。用乳胶制作的物品有一个缺点，这制约了它的适用性，那就是它们的稠度与温度有关：如果温度较低，乳胶就会硬化，变硬且脆；如果温度较高，乳胶就会被软化，直至黏稠。1770年，前面提到过的约瑟夫·普里斯特利偶然发现，硬化的乳胶在纸上摩擦后可以擦除铅笔的痕迹。从此，"**橡皮**"（india-rubber，来自动词rub，意为"擦"）一词就诞生了，英语中也用这个名字来表示这种材料。但很少有人知道，橡皮擦其实是化学家的发明（自然也有察察利人的功劳！）。

　　不久后，人们发现橡胶可溶于松节油。1783年，人们将橡胶溶于松节油后，再将此溶液抹在布料上，干燥后就得到了一种防水性良好，甚至连气体也不能透过的布料。孟格菲（Montgolfier）兄弟立即利用这一特性制造了热气球。不论是从科学角度，还是从商业角度来看，人们对橡胶都越来越感兴趣了。1803年，第一家橡胶厂在巴黎成立。但是橡胶受温度影响的问题依然存在。1834年，德国化学家弗里德里希·卢德斯多夫（Friedrich Ludersdorf，1801—1886）和美国化学家纳撒尼尔·海沃德（Nathaniel Hayward，1808—1865）发现，在橡胶中加入硫黄能明显改善其机械性能。1839年，美国发明家查尔斯·固特异（Charles Goodyear，1800—1860）在多次失败之后，通过将橡胶和硫黄混合加热，终于发明了后来被称为**硫化**（vulcanization）的工艺过程［"硫化"一词用来纪念火神沃肯（Vulcan）］。这种工艺不仅消除了天然橡胶的难闻气味，还大大改善了它的机械特性，并提高了它对温度变化、形变、化学试剂等的抗性。硫化工艺代表了一个巨大的技术进步，尽管在当时它的作用原理仍不得而知。1895年，米其林（Michelin）兄弟将橡胶用于制造汽车轮胎，证明了橡胶在提高汽车性能方面的有效性。工业对乳胶的需求也急剧增长，橡胶树的种植量很快就供不应求。因此，人们试图栽种其他品种的橡胶植物，甚至还试图了解乳胶的化学构成，以便进行可能的人工合成。但这项工作并非易事。英国人迈克尔·法拉第和法国人让-巴蒂斯特·杜马

（Jean-Baptiste Dumas，1800—1884）分别于1826年和1838年提出，橡胶的成分是碳氢化合物。

在英国人查尔斯·汉森·格雷维尔·威廉斯（Charles Hanson Greville Williams，1829—1910）和威廉·奥古斯·提尔登（William Augusts Tilden，1842—1926）、法国人古斯塔夫·布夏达（Gustave Bouchardat，1842—1918）和德国人卡尔·迪特里希·哈里斯（Carl Dietrich Harries，1866—1923）等多位化学家的努力下，人们终于知道乳胶的主要成分是**异戊二烯**（或2-甲基-1,3-丁二烯）（图26）。

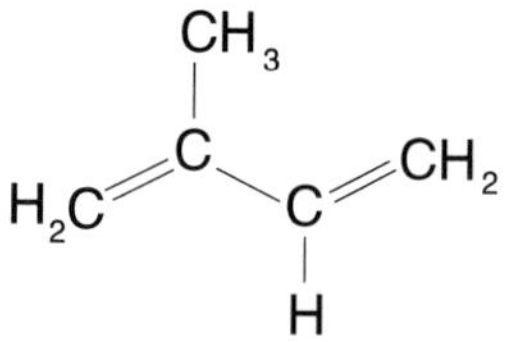

图26 异戊二烯的分子结构

德国化学家赫尔曼·施陶丁格（Hermann Staudinger，1881—1965）认为某些分子（例如异戊二烯）可以相互结合形成长链分子。施陶丁格是高分子聚合物的奠基人，多年来他的观点一直遭到同行的强烈抨击，但最后他还是因其远见卓识，荣获1953年的诺贝尔化学奖。

今天我们知道，天然橡胶的主要成分是聚异戊二烯，也就是由异戊二烯聚合而成的长链分子（图27）。

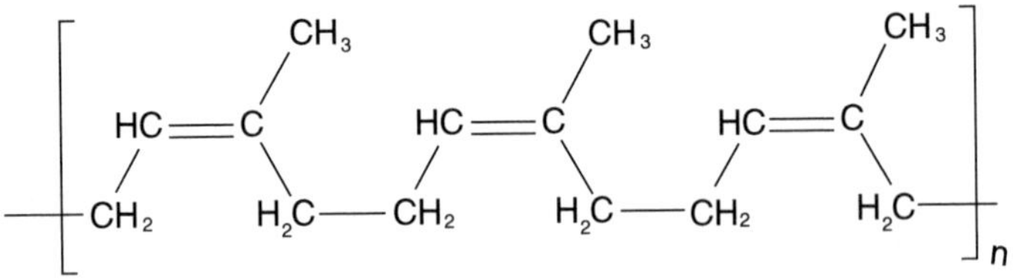

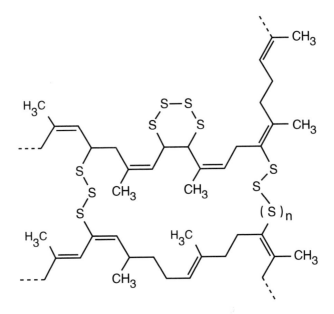

图27　天然橡胶成分聚异戊二烯的聚合物链

　　加热后的天然橡胶会变得很柔软，因为长长的聚合物链之间仅通过微弱的分子间作用力相互结合，而这种分子间作用力在受热条件下很容易被克服。在硫化过程中，分子间形成了二硫键（—S—S—）（图28），提高了分子链的强度和热稳定性，同时还保有橡胶的弹性。

图28　橡胶硫化过程中形成的二硫键

异戊二烯在高温和催化剂参与的条件下发生聚合反应。除异戊二烯外，还有许多其他分子在聚合后也会生成具有橡胶特性的材料，其中，在弱应力下形变显著，应力松弛后能迅速恢复到接近原有状态和尺寸的高分子材料，称为**弹性体**（elastomer）。

弹性体的长分子链在静息状态下会自行折叠，似线团般交缠。在牵引力的作用下，分子链伸展平铺，当撤除机械应力时，分子链又会恢复原状，这样一来，材料就可以发生弹性形变。目前已知的弹性体众多，而化学家们对它们的合成也已轻车熟路。弹性体通常分为**热塑性弹性体**（thermoplastic elastomer）和**热固性弹性体**（thermosetting elastomer）。20世纪60年代末，人们开始生产热塑性弹性体。这种弹性体在达到一定温度时就会软化，因此可以被模压成型。它们一般由苯乙烯-丁二烯共聚物、聚烯烃和共聚酯组成。而热固性弹性体通过聚合物链交联固化而成，就像最初的硫化过程一样（但不一定要使用硫黄）。交联的过程需要在高温下进行，一旦成型，产品就不能再加热再塑造。

● 口香糖

跑步时你嚼的口香糖也是一种橡胶。历史上最早食用口香糖类似物的似乎是玛雅人，他们会咀嚼一种从热带常绿树上提取出的橡胶球（人心果树胶，chicle）。这种树叫作**人心果树**（*Manilkara zapota*），多产于美洲的中南部。而现代口香糖的发明要归功于俄亥俄州（Ohio）一名叫作威廉·森普（William F. Semple）的牙医，他于1869年12月28日为自己的想法申请了专利。森普将天然橡胶溶解在适当的溶剂中，并加入惰性材料和香料，就这样制造出了他的第一块口香糖。1871年，第一批口香糖在新泽西州（New Jersey）上市，但它们又软散又寡味。随着生产技艺的逐步提高，我们生产出了今天的产品。我们目前使用的橡胶是合成橡胶，主要是**聚异丁烯**（polyisobutylene），它的弹性性能可以通过适当添加化学制剂来改善。其中所谓的**黄原胶**（Xanthan gum，在食品中标注为E415）是糖类经由某些微生物（黄单胞杆菌，*Xanthomonas campestris*）发酵后而得到的一种多糖。除口香糖外，黄原胶还可作为各种食品（布丁、蜜饯、糖果等）的增稠剂。

● 生物化学：糖、能量、乳酸等

你已经跑了约半个小时了。在训练效果亟待提高的同时，你的腿已经隐隐酸痛。这一次，化学依旧可以帮助你了解这背后的成因。

我们的肌肉通过生物体内一系列复杂的生化反应去降解糖类，以持续供能。降解从所谓的糖酵解开始 ["糖酵解"一词来源于希腊语γλυκύς（glykýs，意为"甜的"）和λύσις（lýsis，意为"分裂"）]。糖酵解包括一个过程，该过程会将具有6个碳原子的葡萄糖分解成两个具有3个碳原子的**丙酮酸**（pyruvic acid）[2-氧代丙酸（2-oxopropanoic acid）]分子 [这个过程的发生得益于一种叫作烟酰胺腺嘌呤二核苷酸（NAD）的氧化还原性辅酶的介入]。丙酮酸随后经过其他生化反应，在氧气的作用下，将葡萄糖分解成水和二氧化碳。所有的这些反应都会产生大量的能量以支持肌肉的运动。如果肌肉活动非常激烈（就像协调你跑步时的那样），身体组织中存在的氧气含量就不足以降解所有产生的丙酮酸。因此，丙酮酸就积聚在细胞中，然后在辅酶**还原型烟酰胺腺嘌呤二核苷酸**（NADH）的参与下，被还原成**乳酸**（lactic acid）[**2-羟基丙酸**（2-hydroxypropanoic acid）]。图29为乳酸的分子结构。这个反应被用来再生被氧化的NAD，这样糖酵解的过程就会循环往复，永不终结。

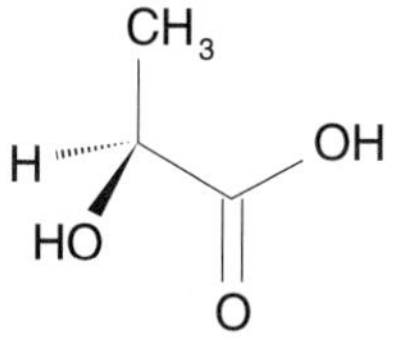

图29　乳酸的分子结构

　　乳酸是一种不能被细胞用来产生能量的产物。因此，它被运送到肝脏中，在那里通过**糖异生**（gluconeogenesis）的过程（可以被认为是糖酵解的反过程），被转化为葡萄糖，然后形成的葡萄糖被运回肌肉，在肌肉中再次被分解[**科里循环**（Cori cycle）]。因此，肌肉中乳酸的形成需要一定时间。这个循环将肌肉的一部分工作量转移到肝脏中，它还能使在糖酵解中消耗的NAD再生，使糖酵解的过程得以延续。肌肉中乳酸的积累是我们在过度运动后感到疲劳和疼痛的原因①。疼痛是我们的身体向我们发出的警告。我们最好听它的话，停下来并深呼吸，让肌肉组织重新补充氧气。

● 轻微的扭伤：冰敷

稍微休息一会儿后，你又开始跑步了，但也许是因为你累了，一个趔趄，就轻微扭伤了脚踝。你觉得这并不严重，只是略微有点疼痛，你知道在这种情况下，最好的办法是立即冰敷。是的，但要在公园里弄到冰块并不容易。幸运的是，你看到不远处有一家药店，虽然你一瘸一拐的，但还是走到了药店并向药师求助，药师十分好心地建议你买一袋速冷冰袋。这是一个简单的塑料袋，如果你按压袋子的中心，它就会马上开始冷却，直到温度达到-10℃左右。这听起来就像魔法一样，但这一次仍然是化学反应让我们明白发生了什么。冰袋里其实有两个隔层：一层是单纯的水，另一层是无水**硝酸铵**（NH_4NO_3）。当我们按压袋子时，破坏了两层中间的隔膜，硝酸铵与水就可以接触了。硝酸铵极易溶于水，而且溶解过程具有明显的吸热现象。这说明硝酸铵的溶解会吸收环境中的热量，从而使溶液冷却。之所以会出现这种情况，是因为NH_4^+和NO_3^-溶解（还记得我们在第三章第1节中讲过的关于水的极性吗）在水中形成硝酸铵溶液的这个过程，与固体硝

---

① 近现代运动生理医学的研究成果并不支持"运动后乳酸堆积导致肌肉酸痛"这一观点。——译者注

酸铵和水分开时的初始情况相比，需要更多的能量。形成溶液所需的能量来自环境，因此环境的温度会降低［这个过程虽然需要能量，却是自发的。对于这一点我们会在第四章第1节的最后（反应的自发性、热力学和动力学）做出更好的解释］。

除了吸热过程，还有**放热过程**，也就是指能量的释放过程。这样的反应过程也能运用于实践中。例如暖手宝，它的工作原理与速冷冰袋一模一样，不同的是一个放热一个吸热。前段时间市场上有售一类即饮咖啡，它被一个双层底的小杯子装着。我们按一下杯底，几分钟后咖啡就沸腾了。在这种情况下，双底部之间装有分开的水和氯化钙（$CaCl_2$），按压挤破了水和氯化钙之间的隔膜，使氯化钙溶解，产生加热咖啡所需的热量。

拓展：高分子化学

纳塔教授，您用一种新的方法成功地制备了具有规则空间结构的大分子。您的发现所带来的科学技术影响是巨大的，大到现在还不能完全估计[10]。

有些分子可以相互结合，形成长链。这样得到的大分子被称为**聚合物**（来源于希腊语，意为"很多单元"），而组成大分子的小分子则被称为**单体**（monomer，"一个单元"）。分子链中有重复单元，这些单元在聚合物中是相同的，但在**共聚物**（copolymer）中也可以是不同的。

自然界中存在着无数的高分子化合物。许多生物分子就具有这种结构［**生物聚合物**（biopolymer）］。比如，蛋白质是由多个氨基酸分子通过**肽键**连接而成的高分子化合物。而多糖（淀粉、纤维素、糖原）是由单糖通过**糖苷键**连接而成的高分子化合物。核酸（DNA和RNA）也是生物大分子化合物，它的单体是**核苷酸**（nucleotide），而核苷酸又由核糖或脱氧核糖、含氮碱基和磷酸基团构成。

化学家们对高分子的合成早已驾轻就熟，高分子化学对社会产生了巨大的影响，比如应用广泛的塑料和合成纤维都是由高分子化合物制成的[11]。

我们最早可以在法国人亨利·布拉科诺（Henri Braconnot，1780—1855）和德国人克里斯蒂安·尚班（Christian Schönbein）的工作中看到对合成高分子的研究。1832年，布拉科诺用浓硝酸处理木材和棉花，得到了一种可燃性化合物——**赛劳丁硝化淀粉**（xyloidin）。1845年，尚班在他家的厨房里蒸馏硝酸和硫酸的混合物时，用妻子的棉质围裙清理了一些飞溅的液体。随后，他将围裙放在烤箱附近晾晒，但不料围裙却猛然起火。布拉科诺和尚班都曾制得硝酸纤维素（Nitrocellulose），这种纤维素被认为是第一种人造高分子化合物。

1860年，美国发明家约翰·韦斯利·海厄特（John Wesley Hyatt，1837—1920）通过混合硝酸纤维素和樟脑发明了塑料（**赛璐珞**，Celluloid），后来由同样是美国人的汉尼拔·威利斯顿·古德温（Hannibal Williston Goodwin，1822—1900）申请了专利，使电影业得以诞生。1865年，还实现了醋酸纤维素的合成。

1884年，法国工程师、发明家希莱尔·德·夏尔多内（Hilaire de Chardonnet，1839—1924）将硝酸纤维素溶解在酒精和乙醚中，并将得到的混合物放入纺纱机中，得到了第一种人造纺织纤维，即"夏尔多内纤维"。尽管这种纤维高度易燃，但它仍然是天然纤维的有效替代品。早在1855年，乔治·安德曼斯（Georges Audemars）就已经发明了类似的产品，也就是后来的**人造丝**（rayon）。两位英国的工业化学家查尔斯·弗雷德里克·克罗斯（Charles Frederick Cross，1855—1935）和爱德华·约翰·贝文（Edward John Bevan，1856—1921）在19世纪80年代初开发了一种工艺，是用烧碱和二硫化碳来处理纤维素。这样得到的木浆［**黏胶纤维**（viscose）］可以在纺纱机里通过含硫酸和硫酸钠的凝固浴处理后得到优质的纤维。该专利被英国企业家塞缪尔·考塔尔德（Samuel Courtaulds，1876—1947）买下，并于1906年开始工业化生产。在第一次世界大战前夕，该方法承包了80%的人造丝的生产。

以前的人造高分子材料，不管怎么说都是以天然高分子——纤维素为起始原料的，因此它们可归为**半合成高分子化合物**。要想得到真正的合成高分子，我们还得等到1907年。那年，移居美国的比利时化学家利奥·贝克兰（Leo Baekeland，1863—1944）通过**甲醛**和**苯酚**的反应，得到了第一个完全人工合成的聚合物。这是一种被称为**电木**（bakelite）的树脂。

同一时期，德国化学家弗里德里希·赫尔曼·劳克斯（Friedrich Hermann Leuchs，1879—1945）进行了**氨基酸*N*-羧基-环内酸酐**（Animo acid *N*-Carboxyanhydride）的合成，获得了第一个合成**多肽**。

随后，德国人赫尔曼·施陶丁格登场，在高分子化学的历史演变中贡献了浓墨重彩的一笔。1922—1932年，为了让大家接受高分子这一概念，施陶丁格在德国科学界辛勤耕耘。因为赫尔曼·埃米尔·费歇尔和海因里希·奥托·威兰（Heinrich Otto Wieland，1877—1957）等杰出的有机化学家其实并不接受这一概念。不过施陶丁格最终得偿所愿，也正是因为在高分子化学方面的贡献，他获得了1953年的诺贝尔化学奖。

同样是在那几年，美国人华莱士·卡罗泽斯（Wallace Carothers，1896—1937）对聚合反应进行了重要研究。1931年，他发明了第一种称为**氯丁橡胶**［Neoprene，**聚氯丁二烯**（polychloroprene）］的合成橡胶，1937年，他合成了**尼龙66**［nylon 66，**聚六亚甲基己二酰二胺**（polyhexamethylene adipamide）］，这是第一种在各种技术领域得到广泛应用的合成聚合物。

20世纪50年代初，德国人卡尔·齐格勒（Karl Ziegler，1898—1973）发明了能够用于聚合乙烯（比如厨房用的保鲜膜的成分就是聚乙烯）的特殊催化剂。意大利人居里奥·纳塔使用了类似的催化剂来聚合丙烯，由此获得的聚丙烯（全同立构聚合物）由蒙特卡蒂尼（Montecatini）公司［后来的蒙特尼迪森（Montedon）公司］以莫普纶（Moplen）为商标名进行工业生产［吉诺·布拉米耶里（Gino Bramieri）在广告节目《旋转木马》（Carosello）中广泛宣传此产品，该产品的一些广告语也变得很有名］。那是一场真正的技术革命，许多家用品和工业用品都是用这种新材料制成的。齐格勒和纳塔在1963年获得了诺贝尔化学奖（纳塔是唯一获得这一令人羡慕的化学奖的意大利人）。图30为聚丙烯链的不同结构。

1966年，为了制造新型轮胎所需的坚实且有弹性的橡胶，斯蒂芬妮·露易丝·克沃勒克（Stephanie Louise Kwolek，生于1923年）合成了一种新型芳香尼龙。1973年杜邦（Du Pont）公司以**凯夫拉**（Kevlar）为商品名申请了这种材料的专利。通过对这种材料的进一步改进，我们得到了强度是钢的15倍的产品。

随后，获得1974年诺贝尔化学奖的美国人保罗·弗洛里（Paul Flory，1910—1985）对聚合反应的动力学进行了重要的研究。

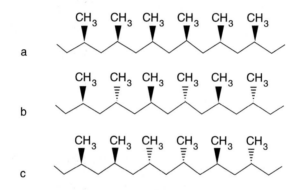

图30　聚丙烯链的不同结构
a 全同立构，其中所有碳原子具有相同的相对构型；
b 间同立构，其中相邻的碳原子具有交替的相反构型；
c 无规立构，其中碳原子的构型是无规律分布的

如今，可利用技术合成且具有特殊性能的高分子聚合物材料产量巨大，用途广泛。

直到20世纪70年代，所有的合成聚合物都是电绝缘体。在最近的几十年里，人们合成了具有特殊导电性能的高分子化合物，这种特殊性能使它们在电子领域有了极为有趣的应用。我们将在第四章第2节中讨论这个问题。

第四章

傍　晚

4.1　晚　餐

● **锅与金属**

　　身体疲乏，略微跛脚，你就这样回到家中。洗了个澡让你精神清爽，同时还回想起今天早上学到的关于肥皂和清洁剂的知识。当你从浴室出来时，你有非常好的食欲，毫无疑问，这肯定是因为一天的工作和在公园里跑步消耗了你大量的精力。妻子和儿子还没有回家，你决定给他们一个惊喜，准备一顿美味的晚餐。你喜欢做饭，乐在其中。走进厨房，你开始从橱柜里拿出必要的锅和其他厨具。现在的厨房用具可以由许多材料制成，这要归功于化学。我们接下来就从制作锅的金属（钢、铝，有时还有铜，比如祖母给你的那口老锅）讲起。

　　虽然你并未在意，但冶金学的历史确实在很大程度上与人类的历史相吻合。历史学家将人类史前史划分为4个时期：石器时代、铜器时代、青铜时代和铁器时代。每个时期与人们所使用的工具材料都密切相关，其中有3个时期是关于金属的，这并不是巧合。金属对人类的重要性不言而喻：最早的铁匠略施小计，便能够利用火来提取和加工金属，他们还成立了僧侣学院来传承他们的技艺和技法。这种情况在今天的一些非洲部落中仍然存在。此外，希腊神话中的一些神灵也被想象成铁匠——冶金艺术领域的专家。

在所谓的铜器时代（前4000—前3000），人类认识了第一批金属，这些金属当然就是金、银和铜，我们在自然界中可以找到天然状态下的它们。人类将发现的金属通过简单的锤打和冷加工，制造成珠宝、装饰品和权力的象征。发现的随机性、制造物的尺寸有限性以及机械强度的缺乏，使金属无法实质性地改变这一时期我们祖先的生活条件。对他们来说，石头仍然是最主要的材料。当人类学会了从矿石中提取铜和锡，并发现将这两种金属熔合在一起，可以得到一种机械性能比铜好得多的合金时，情况发生了本质变化：青铜时代（前3000—约前900）由此启程。从矿石中提取金属是一种氧化还原反应（见第三章第1节）。金属化合物中的金属实际上已经失去了电子，要想获得自由状态下的金属，我们必须得使它们重新获得失去的电子。第一种被人们使用的还原剂（可能完全是偶然的情况下）是来自木材燃烧后生成的碳。就像在发现新材料和新技术时经常发生的那样，青铜最初被应用于战争。剑和盾牌主要由青铜制成，而铜和石头在一段时间内仍被用于制造其他工具。由于铜和锡的矿藏很少靠近彼此，因此青铜冶炼催生了物流基础设施的搭建，促进了商业和文化交流，这深深地改变了当时的社会组织。

人类第一次认识铁，可能是因为偶然发现了含有这种金属的陨石或陨石碎片。但随着时间的推移，人类学会了从含铁矿石中提取铁，这类矿石通常比含铜和含锡的矿石更易得。此外，铁这种初来乍到的新金属，特性比青铜要好得多，因此铁器时代（约公元前900年起的历史时期）拉开序幕。从中东到近东，从古埃及到希腊，从罗马到中国，几个世纪以来，过去的各种文明都对新冶金技术的发展做出了贡献。1556年，德国学者乔治·鲍尔（Georg Bauer，1494—1555）［其名字拉丁化为格奥尔格乌斯·阿格里科拉（Georgius Agricola）］的遗作《论矿冶》（*De re metallica*）印刷出版。这本书对当时采矿和金属加工的知识与技术进行了充分的总结。因此，我们尊称阿格里科拉为"矿物学和冶金学之父"。

　　"金属"一词来源于希腊语μέταλλον（métallon），意为"矿山""采石场"。我们目前了解的有大约90种金属元素（约占所有现有元素的3/4），以及大量合金和金属间化合物。在常温常压下，金属几乎都呈固态。唯一例外的是汞（Hg），它是液体。有些金属在很低的温度下会熔化，比如镓（Ga）的熔点就只有29.7℃。用镓制成的勺子看起来就像普通的钢制勺子一样，但如果你把它放在一杯热咖啡中，它就会熔化消失，这会让那些不了解这一特性的人感到惊讶[1]。另外，也有一些金属要在非常高的温度下才能熔化，比如钨（W）的熔点为3410℃（这就是为什么它被用于制造白炽灯的灯丝）。除了这些差异，金属还具有许多共同的特点。从化学性质上来看，它们往往容易失去电子（被氧化），从而产生正离子。而在物理性质上，它们还有其他重要的特性：通常来说它们有很高的密度，是电和热的优良导体，具有延展性和可锻性，它们的表面还可以反射光线。这种性质的相似性源于它们在微观结构层面的相似性。

在20世纪初，德国物理学家保罗·卡尔·路德维希·德鲁德（Paul Karl Ludwig Drude，1863—1906）提出了第一个解释金属特性的理论模型。德鲁德将金属晶体想象成由正离子按照一定的几何形状有规律地排列组成的晶格。离子是由原子失去一个或多个外部电子后形成的（这与金属的氧化趋势一致）。原子失去的电子仍然被限制在晶格内，但可以在晶格内自由移动，形成一种电子气（德鲁德模型，也被称为**自由电子模型**）。同时，这种紧密的结构还可以解释金属的高密度。在没有外部电场的情况下，电子会由于热力学影响而随机移动，就像气体分子一样。但如果被施加了一个电势差，它们就会被吸引到正极（要记住电子是带负电荷的），并开始有序地移动。而电流就是电子的有序流动，这就解释了金属的导电性。电子气也能促进热传导。如果金属被加热，最接近热源的电子会获得动能，并开始加速移动，通过撞击附近的电子，它们自身的部分能量被传递，为热传导做出第一个贡献。第二个贡献则是由晶格里的离子提供的。那些最接近热源的离子会开始围绕其平衡位置快速振动，这种振动会在晶格内传播，从而有助于能量以热的形式传递。金属变形的难易程度也可以用德鲁德模型来解释。施加在金属晶体上的力实际上可以引起离子层（晶格面）的滑移，但电子气的存在可使整个结构保持稳定（这种情况反而不会发生在离子晶体中，因为如果我们试图使其变形，离子晶体中晶格面的滑移会使带有相同电荷的离子相互排斥的同时又相互靠近，这会导致晶体的破裂）。自由电子模型也可以解释为什么金属表面会反射光线（就连普通的镜子也利用了这一点，虽然镜子是由玻璃制成的，但实际上，它们表面覆盖了一层薄薄的金属膜）。我们记得光是一种电磁波（见第三章第1节）。当一束光照射在金属上时，它的振荡电场激发了金属的表面电子，驱动这些电子自由移动，并开始以与入射光相同的频率振荡。物理学告诉我们，一个振荡的电荷会发出电磁波。因此，金属会发出与入射光完全相等的光辐射，这就解释了为什么金属看起来很有光泽。

德鲁德的理论在定性的层面上非常有效。但如果我们试图定量计算某些值（电导率和热导率、热容量等），就会发现它的局限性。1927年，德国物理学家阿诺德·索末菲（Arnold Sommerfeld, 1868—1951）对德鲁德模型进行了改进。我们在第一章第1节中提到的电子能带理论，成功地揭示了金属以及绝缘体和半导体的特性。

● **特氟隆**

由金属铝制成的锅，是你准备用来炒洋葱的锅，你要用炒洋葱来制作意大利面的番茄酱。这是一口不粘锅，其中的原理也非常有意思。不粘锅通常涂有高分子材料——特氟隆。特氟隆由杜邦公司于1938年首次合成，并于1946年上市。从化学的角度来看，它是一种氟化聚合物，其专业名称是**聚四氟乙烯**（PTFE）。

1938年，美国化学家罗伊·普朗克特（Roy Plunkett，1910—1994）偶然发现了聚四氟乙烯。一个气瓶中储存着气态的四氟乙烯（TFE），但过了一段时间后，气瓶里的气体竟然消失无踪，取而代之的是一种具有优异的耐热性和化学稳定性的白色粉末。人们发现，在气瓶内的高压条件下，四氟乙烯在铁的催化下发生了聚合反应。

实际上特氟隆的反应性是非常弱的，因此它经常被用来生产用于化学试剂或工业管道的惰性容器。它的熔点在260~327℃。另外，这种材料的摩擦系数非常小，附着力很差，没有任何黏合剂能够黏合它。这就是为什么它会被当作涂层用于不粘锅。

几年前，一些消费者权益保护协会和新闻机构提出了特氟隆的危险问题。根据他们的说法，高温会引发特氟隆的分解反应，产生有毒物质。实际上，特氟隆在加热至高温时确实可以分解并释放出有毒气体和烟雾[2]，但只有当温度达到260℃时才会发生这种情况，并且只有在350℃左右才会发生明显的分解。而通常用于烹饪的油和黄油在200℃左右（通常油炸时会达到的温度）就会开始分解，并释放出有毒物质。因此，与油炸等一些烹饪技术（只要不滥用，风险也相当低）的固有风险相比，使用不粘锅的风险似乎可以忽略不计。

即使意外摄入锅壁上脱落的特氟隆碎片，也是安全无恙的。正如美国食品药品监督管理局（Food and Drug Administration，FDA）指出的那样，特氟隆的化学惰性使它在被摄入时可以从机体内代谢出去。

人们恐慌特氟隆的背后，只是因为一些混淆的概念和错误的资讯。这种误解就在于人们对聚四氟乙烯和用于其生产的一种物质——**全氟辛酸**（PFOA）的认知。

美国环境保护局（Environmental Protection Agency，EPA）污染防治与毒物办公室（Office of Pollution Prevention and Toxics，OPPT）等机构怀疑全氟辛酸具有致癌性，尽管有关该假设的结论不完全一致[3]。不管怎样，不粘锅上涂有的特氟隆中通常都不存在全氟辛酸，即使存在，每平方米的锅中也不超过千万分之一克。在后一种情况下，我们以一个10千克重的儿童为例，要达到生物实验中测试出来的全氟辛酸的最小毒性剂量，他必须摄入200 000个面积为0.5平方米的平底锅中的全氟辛酸[4]。

● **切洋葱**

此时你拿起了洋葱，并将它剥皮、切片。痛苦就从这里开始了。几秒钟后，你就哭得稀里哗啦。切洋葱催泪这是众所周知的，但很少有人知道这是为什么。

洋葱（*Allium cepa*）是一种球茎植物，属于植物学上的葱属（*allium*）。厨房里大家熟知的其他品种，如大蒜、韭葱和火葱也属于葱属。这些植物的球茎都有一种特殊的香气，主要是因为一种叫作**烯丙基**（allyl，这个名称显然来源于这些植物）的有机基团，其结构如图31所示。

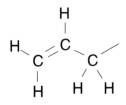

图31 烯丙基的结构

　　两个烯丙基可以通过单硫键结合在一起（图32）。这样得到的化合物被称为**二烯丙基硫醚**（Allyl sulfide）。如果我们简单地用R来表示烯丙基，我们就有了R—S—R。硫原子也可以是2个（R—S—S—R）、3个（R—S—S—S—R）或更多，之后我们会讲到**二硫化物、三硫化物**等。葱属鳞茎植物特有的气味正是来自这些分子。

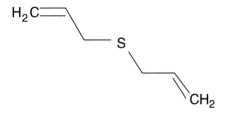

图32　二烯丙基硫醚的结构

　　而洋葱催泪的性质则来源于切开鳞茎时产生的挥发性化合物。在洋葱的鳞茎细胞中存在一种特殊的化合物（*S*-1-**丙烯基**-L-**半胱氨酸亚砜**，*S*-1-propenyl-L-cysteine sulfoxide），其分子中有一个丙烯基，一个亚硫酰基（S＝O）和一个氨基酸（半胱氨酸）。当洋葱被切开时，洋葱细胞的细胞壁被破坏，一种特殊的酶——**蒜氨**

酸酶（allinase）会水解这种化合物，形成**丙烯基次磺酸**（propenyl-sulfenic acid，$CH_3-CH_2-CH_2-S-OH$）。第二种酶——**催泪因子合成酶**（Lacrimathory Factor synthase）会将丙烯基次磺酸转化为**丙烷硫醛亚砜**（propanethial sulfoxide，$CH_3-CH_2-CH=S=O$）。图33所示为切洋葱时发生的反应。

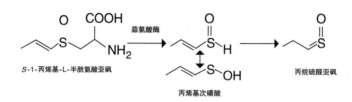

图33　切洋葱时发生的反应

正是极易挥发的丙烷硫醛亚砜对眼睛产生了刺激，当它与角膜上的水液接触时，会与水反应，释放出硫酸。而眼睛这时就会增加泪水的分泌来防御。但泪水分泌的增加只会将更多的丙烷硫醛亚砜转化为硫酸，在这种连锁反应中进而使眼睛产生更多的灼烧感。不过，这样产生的是极低浓度的硫酸，除了有灼烧感，它不会对眼睛造成实质性伤害。

丙烷硫醛亚砜极易溶于水。因此，如果在流动的水中切洋葱，它就会被洗掉，催泪作用就会消失（但是，在流水中切洋葱还是比较困难的）。

最后，我们观察到，烯丙基和硫也存在于另一种具有特征香气的化合物中，也就是芥末的气味，这是由**异硫氰酸烯丙酯**（Allylisothiocyanate，$R-N=C=S$）造成的。

● 番茄酱

结束了痛苦的切洋葱之后，你就开始在锅里倒油炒洋葱。你还记得中午吃饭时学到的知识，所以就在锅中加入了一撮小苏打，这可以促进美拉德反应的发生（你还记得吗）。几分钟后，洋葱就呈现出奶油般的稠度和金黄色的外表，而且闻起来的味道也非常好。

此时，由于你没有太多的时间来准备番茄酱汁，所以就直接将现成的番茄酱倒入了锅中。

番茄肉里含有多种化合物。它的酸味来自羧酸，特别是**柠檬酸**和**苹果酸**（malic acid）。番茄中还有大量的维生素C，但这种化合物不耐热，所以你不会在制成的番茄酱中发现它的身影。还有B族维生素（B_1、B_2和B_6）和以β-胡萝卜素形式存在的维生素A原，β-胡萝卜素赋予番茄红色的外观。番茄里还含有许多多酚类物质。多酚是一类含有多个酚环的物质，包括**羟化的二苯基乙烯**（hydroxylate stilbene）、**类黄酮**（flavonoid）、**单宁**（tannin）、**酚酸**（phenolic acid）和许多其他化合物，它们对机体起着各种作用。

除β-胡萝卜素外，番茄肉中还含有其他具有类似分子结构的化合物，它们被称为**类胡萝卜素**（carotenoids）。其中含量最高的一种是**番茄红素**（lycopene），它是使番茄呈现红色的主要成分。番茄红素是一种不饱和的脂肪族碳氢化合物。它的分子链结构中含有13个碳碳双键，其中有11个是碳碳共轭双键，并呈线性排列（图34）。

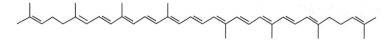

图34　番茄红素的分子结构

　　番茄红素有许多有益的作用。它的抗氧化性决定了它对预防肿瘤（如前列腺瘤）和心脏保护方面有积极作用，还能抵御紫外线对机体造成损害。它还可以对抗神经组织退化和预防骨质疏松症①。人们常常认为烹饪会使食物失去许多营养，这对某些物质来说并不假（如前面提到的维生素C），但对其他物质来说就不一定了。以番茄红素为例，烹饪反而可以提高其生物利用度。有证据表明，90～150℃的高温会使番茄红素的含量减少。但如果温度保持在100℃以下，番茄红素的降解程度就会大大降低。此外，加热也会促进番茄红素的顺式异构体的生成，它较反式异构体而言，更容易被人体吸收。一项研究还表明，在烹调番茄时加入橄榄油可大大增加人体对番茄红素的吸收[5]。11名受试者食用了用橄榄油烹调的番茄后，他们血液中的反式番茄红素的浓度增加了82%，顺式番茄红素的浓度增加了40%；而在食用无橄榄油番茄的12名受试者的血液中，我们发现反式番茄红素的浓度没有变化，顺式番茄红素的浓度增加了15%多一点。烹饪传统——建议用橄榄油并小火慢煮来制备番茄酱，再一次得到了科学的支持。

---

① 目前尚没有直接证据显示番茄红素具有以上作用。——编者注

● 加盐的顺序

酱汁慢慢熬煮的同时，你在另一边烧着煮意大利面的水。每次你要煮意大利面时，都会有一个疑问困扰着你：盐应该在水沸腾之前还是之后加入呢？我们说思想可以分为不同的流派，就连在烹饪手册中我们也可以经常看到相互矛盾的观点。那么这个问题从化学的角度可以怎么来看呢？众所周知，水在标准大气压下的沸点是100℃。如果你在水中溶解了盐（或其他物质也没关系），水的沸点就会升高。这种现象被称为**沸点升高**，它类似于我们在第一章第4节中谈到的道路撒盐产生的冰点降低现象。沸点升高后的值是可以计算出来的。要使水的沸点升高1℃，每升水中就需要溶解58克的盐。当你在煮意大利面的时候，盐的使用量是非常少的（每升水5～10克盐），所以水沸点的增长实际非常小，只有零点几度，完全不影响煮意大利面。我们也没有理由认为在水沸腾之前或之后加盐有任何区别。实际上水不存在"记忆效应"，每次水溶液沸腾时的温度都是完全相同的。有时我们可以观察到以下现象：当水烧热了但还没有完全沸腾时，加入盐会诱发活泼而快速的气泡震动。发生这种情况是因为盐的加入产生了**成核位点**（nucleation site），这些成核位点有助于在液体中形成蒸气气泡（即使是加入沙子或其他颗粒物质，也会发生同样的情况）。总之，在水沸腾之前或之后加盐是完全没有区别的，盐的存在对煮面没有任何影响。必须加盐的原因也很简单，那就是不加盐的意大利面实在食之无味！

● 煮　面

　　总之，你已经在水中添加了适量的盐，现在水正欢乐地沸腾着，这时候意大利面该下锅了。从科学的角度来看，烹煮意大利面并不像看起来那样简单。

　　首先，我们一放进面条就会观察到水的沸腾瞬间停止了。这是因为刚开始的面条处于室温状态，它必须吸收水的热量来加热，所以水的温度就瞬间降低了。

　　用于制作意大利面的硬质小麦粉含有淀粉和蛋白质。蛋白质的含量，特别是**球蛋白**（globulin）和**醇溶谷蛋白**（prolamin）的含量对于最终成品的味道来说很重要。当面粉被制成面团时，醇溶谷蛋白（麦醇溶蛋白和麦谷蛋白）会产生面筋（参见第二章第1节）。面团搅拌过程中的机械加工会使面筋蛋白松弛，形成细丝样的结构，这些结构通过硫氢键紧密相连。通过这种方式，面筋呈现出一种有序的结构，能够吸入淀粉颗粒和气泡。淀粉颗粒内有非结晶区和结晶区。非结晶区主要由**直链淀粉**（amylose，葡萄糖的线性聚合物）和部分**支链淀粉**（amylopectin，葡萄糖的支链聚合物）组成。而结晶区则由支链淀粉组成，支链淀粉由中心向外围方向有序排列。颗粒的整体结构包括非结晶区域和同心结晶区域的交替排列。在加热过程中，热水会使淀粉**糊化**，也就是颗粒的结晶状态逐渐溶解，呈熔融的糊状。淀粉的糊化从面条外部开始，再逐渐膨胀。水通过渗透作用在颗粒内部进行渗透，在高温沸腾的促进下，加速面条的运动。在理想的烹饪中，面条一定得有嚼劲，不能煮得太软烂，也就是说面条必须熟得很均匀，并保持韧性和弹性。人们容易混淆有嚼劲的面条与中心未熟的面条。有嚼劲的面条比煮过头的面条更容易消化，因为面筋的外层会把淀粉留在内部。这样淀粉就会逐渐被吸收，从而避免在消化阶段出现血糖高峰。

● 微波炉

在煮意大利面的时候，妻子和儿子开始布置餐桌。同时，你从冰箱里拿出前一天晚上煮好的土豆煮章鱼。当然，冷的食物不能即食，所以你就把它放在微波炉里加热几分钟。

微波加热也有非常有趣的知识。1945年，美国工程师、发明家珀西·斯本塞（Percy Spencer，1894—1970）意外发明了微波炉。在雷声公司（Raytheon Company，一家美国防务公司）工作的他，有一天，在开着雷达设备工作时，发现口袋里的一块巧克力融化了，由此他想到了利用雷达使用的微波来烹饪食物。微波炉内部有一个被称为**磁控管**（magnetron）的微波发生器，它由一个特殊的热电子管（或真空管）组成（雷达中也使用这种发生器）。微波是电磁波，其频率低于红外辐射。家用烤箱的磁控管一般以2450MHz（兆赫）的频率发射电磁波。我们在第三章第1节中了解到，单个光子的能量取决于电磁辐射的频率。通过计算我们可以得出，微波的能量与水分子的转动能级之间的差值相对应。我们来试着理解一下这是什么意思。一个分子有不同的运动状态，即分子在空间内的平移运动、分子自身的转动和分子内原子围绕其平衡位置的振动。量子力学表明，分子在做平移运动时的能量不是量子化的，也就是说各状态对应的能量值可以是任何连续的数值。而与分子转动和原子振动相关的能量则是量子化的，这说明它们的能量值不是随意的，只能是彼此不同的一些确定的（非连续的）值。我们现在已经知道，这样的能量值被称为能级。振动能级之间的能量差在数量级上对应于红外辐射的能量。因此，将红外辐射照射到物质上时可以激发分子内部原子的振动〔通过分析样品吸收红外辐射的情况，我们可以获得分子的结构信息，这种技术被称为**红外光谱**（infrared spectroscopy）〕。同样，如果是将微波照射到物质上，物质分子的转动就能被激发，从而使分子或多或少转动得快一点（因此也存在**微波光谱**或**转动光谱**）。但并不是所有的分子都能以这种方式被激发。只有极性分子，即那些内部具有电极性（分子两端带相反符号的电荷）的分子才有可能做到这一点。我们在第三章第1节中讲过，水分子是典型的极性分子，因此它可以受到微波的激发。但分子的转动只有在它们相互独立的情况下才有可能，而这只在气态下发生。食品中的水处于液态，存在于固体或半固体结构中。因此，当食物中的水分子被烤箱里的微波激发时，它们的转动就会被阻止。此时，它们不再转动，而是开始围绕它们的重心进行旋转方向的振荡，这种特殊的运动称为**天平动**（libration）。水分子的这些运动会产生内部摩擦，从而产生热量，加热食物。但不含水的物质在微波炉中就完全不会被加热。这一点可以得到证实，因为我们发现放在微波炉中的盘子（陶瓷或塑料制成）拿出来时仍然是冷的。有时候盘子是热的，那只是因为盘子中的食物被加热后把热量传递到盘子上来了。

在厨房使用微波炉有利有弊。微波炉是先加热整个食物的内部，而传统的烤箱则是由外向内加热食物，所以烤出来的食物表面总是比内部要熟一点。但微波炉由于辐射不均，也可能导致食物受热不均（这就是为什么微波炉里会有一个转盘）。另外，由于微波炉的加热取决于水的存在，若食物内部的水分布不均匀，则食物不同区域的加热效果可能会不同。微波炉加热食物的速度非常快，但食物的温度却难以达到100℃以上。这可能会使某些病原微生物不能被完全灭活，但最重要的是，微波炉里不能进行一些重要的食物化学反应，如美拉德反应（见第二章第1节），这些反应能赋予食物类似于传统烹饪所能达到的香气和口感。另外，关于微波炉加热食物会致癌和微波危害健康的说法是完全没有依据的，因为目前市面上的微波炉都装有绝对可靠的屏蔽装置。

一切都准备好了后，你终于坐在了餐桌边，可以开始享受你的烹饪成果了。妻子和儿子也都觉得饭菜味道不错。但考虑到中午经历的烧心的感觉，你吃得比较清淡，量也不多。吃完饭后就该洗碗了。你还记得以前你和妻子轮流用含有表面活性剂的传统洗涤剂（见第一章第2节）手洗餐具，但你一点也不追忆那段日子。毕竟你们购买洗碗机已经好几年了，所以洗碗不再是一个问题。可能出乎你的意料，但洗碗机里确实也有很多化学知识。

● 洗碗机

洗碗机的发明通常归功于约瑟芬·科克伦（Josephine Cochrane,

1839—1913），她是一位富有的美国女士。1886年，经常举办宴会的她在伊利诺伊州（Illinois）的谢尔比维尔市（Shelbyville）制造了一个洗碗机的原型［在她之前，一个叫作乔尔·霍顿（Joel Houghton）的人在1850年为一个原始的木制洗碗机申请了专利，但是作用寥寥］。

抛开机械和热学方面不谈，洗碗机之所以有趣，首先是因为它使用的洗涤剂与手洗餐具的洗涤剂（其作用原理与我们在第一章第2节中讨论的个人卫生清洁剂非常相似）有很大的不同。洗碗机用的洗涤剂清洁力度更强，因为尽管洗碗机内部产生的热水的喷射压力很大，但内部并没有刷球或海绵进行机械清洁。此外，由于它们不与手直接接触，这种洗涤剂很可能有更强的刺激性。为了使清除污垢更容易，洗碗机用的洗涤剂碱性都非常强（见第三章第1节）。这要归于纯碱（碳酸钠，Na_2CO_3）、偏硅酸钠（Na_2SiO_3）、苛性钠（氢氧化钠，$NaOH$）、磷酸钠（Na_3PO_4）或多磷酸钠（$Na_5P_3O_{10}$）的存在。此外，机洗洗涤剂中还含有非离子表面活性剂（见第一章第2节），但它不能产生泡沫，因为泡沫会阻碍洗碗机内部加压水柱的冲洗。机洗洗涤剂通常也有含氯物质，例如**二氯异氰尿酸钠**［sodium dichloroisocyanurate，$NaCl_2(CNO)_3$］。当温度达到50～60℃时，氯就会被释放出来，它既有消毒作用，又有对番茄酱等有色污垢的漂白作用。另外，一些清洁剂还含有用于漂白作用的氧化剂、有助于消除污垢的酶、染料和香料、用作抗稠化剂和惰性剂的**硫酸钠**（Na_2SO_4）、漂白活化剂**四乙酰乙二胺**（Tetraacetylethylenediamine，TAED）以及属于络合剂或螯合剂（chelating agent）类的膦酸盐。

在洗碗机中，除了洗涤剂，还需定期将所谓的**光亮剂**（brightener）加入专门的小槽中。光亮剂是一种含有表面活性剂的液体，正如我们所知道的那样，表面活性剂可以降低水的表面张力。光亮剂会在洗碗过程结束后使用，用来提高餐具的冲洗效果。在冲洗用的水中加入少量的表面活性剂可以使水更容易被去除，从而去除餐具上的水渍，以免在餐具表面留下痕迹。光亮剂还具有酸性成分，可以中和餐具上可能残留的碱性洗涤剂或可能的水垢沉积。但是过量的光亮剂往往会使餐具表面产生条纹和雾面现象，这与水质较硬造成的情况类似。拥有洗碗机的人都知道，除了洗涤剂和光亮剂，洗碗机中还必须定期加入一定量的盐。尽管专门用于洗碗机的盐比食盐的纯度更高，但普通的食盐（氯化钠，NaCl）也可以。水垢可能会使洗碗机的性能下降甚至是被损坏，而盐能有效遏制水垢的形成。水垢的形成与水的硬度，即水中钙离子（Ca^{2+}）和镁离子（Mg^{2+}）的含量有关。为了降低水的硬度，洗碗机里装有离子交换树脂（见第三章第1节），这些树脂会用无害的Na^+来取代自来水中的Ca^{2+}和Mg^{2+}。但长期使用之后，离子交换树脂交换Ca^{2+}和Mg^{2+}的能力会达到饱和状态，因此，盐的添加能恢复离子交换树脂中Na^+的功能，使树脂继续执行其功能。一段时间以来，市场上还出现了"三合一"洗碗机洗涤剂，也就是集洗涤剂、光亮剂和盐的作用于一体。由于洗碗机洗涤剂的碱性很强并含有其他化合物，我们建议最好避免直接接触洗碗机洗涤剂，因为它们可能会对皮肤和黏膜产生刺激。

拓展：反应的自发性、热力学和动力学

> 根据经验确定的热力学定律预测了由大量粒子组成的系统的可能行为，或者更准确地说，它概述了这种系统的力学定律。因为对有些人来说，热力学定律似乎是约定俗成的金科玉律，这些人没有敏锐的感知能力来使他们鉴别与单个粒子有关的数量级的数量，也不能频繁地重复他们的实验以获得最可能的结果[6]。

有些物质相互接触后会自发地进行化学反应，产生新的物质。而另一些物质，即使在理论上认为它们之间是可以反应的，但就是不会发生反应。还有一些物质，它们发生了反应，但反应会在平衡状态下停止，这种状态下同时存在着反应物和生成物（见第三章第1节拓展：化学平衡）。

造成这种差异的原因是什么？化学家们长期以来一直在问这个问题。实际上，化学反应总是涉及能量的变化[7]，而只有将热力学（研究能量交换和转化的学科）工具应用于化学，才能针对这个问题给出令人满意的答案。要评估一个反应的自发性，我们必须考虑两个因素。

第一个因素与能量紧密相连。任何物理系统都倾向于发展到其总势能低于初始势能的最终状态。实际上，较低的能量含量对应着较高的稳定性。为了评估一个系统的能量含量，化学家定义了一个特殊的热力学状态函数，称为**焓**（enthalpy），用字母H表示。在恒压（就像大气压一样是恒定的）条件下，化学反应中焓的变化（ΔH）等于反应吸收或释放的热量。

第二个要考虑的因素与另一个热力学状态函数有关，叫作**熵**（entropy），用字母S表示。它与宏观物理态出现的概率有关。宏观态包括的微观状态数量越多，这个概率就越大。显然，无序状态（如气体）要比有序状态（如晶体）有更高的概率出现宏观态。由于这个原因，熵被认为是对系统中物质混乱程度的一种量度。热力学第二定律指出，一个孤立系统的熵变（ΔS）永远不可能是负数。

为了考虑到上面的两个因素，一个新的状态函数被定义为**吉布斯自由能**，该状态函数以美国物理学家、化学家乔赛亚·威拉德·吉布斯的名字命名。它由字母G表示，其变化量由ΔG表示。

如果一个反应的自由能的改变量是负数（**放能反应**），反应将自发进行。如果改变量为正数（**吸能反应**），则不会自发反应（但该反应的逆反应会是自发的）。最后，如果自由能的变化等于零，反应就会处于平衡状态。

将自由能、焓和熵的变化联系起来的关系式中还包括温度（$\Delta G = \Delta H - T \Delta S$）。适当地改变温度还有可能使一些非自发反应自发地发生。这些考虑因素的实际重要性很容易理解，我们想想化工行业就知道了。

确定一个反应在热力学上是否被允许发生是非常重要的，但这不足以预测它是否会在实际中百分之百发生，以及它是否能够最终被成功实践。实际上，有极其缓慢的化学反应（如钟乳石的形成）和极其快速的化学反应（如爆炸）。

反应速率被定义为在单位时间内生成物（或反应物）的浓度变化[8]。反应速率与反应物的浓度成正比，各反应物浓度的指数被称为**反应级数**（order of reaction），而这个比例的常数被称为**反应速率常数**（rate constant）。由此产生的关系式被称为**动力学方程**（kinetic equation），它是一个微分方程，可用来预测反应随时间的变化。

速率常数除了与反应物的化学性质有关外，还与温度有关，由此产生的关系式被称为**阿伦尼乌斯公式**（Arrhenius equation），于1889年由瑞典化学家斯凡特·奥古斯特·阿伦尼乌斯（Svante August Arrhenius）首次提出，该公式就是以他的名字来命名的。

反应的速率常数都会随着温度的升高而增大。因此，任何反应的速率也都随着温度的升高而加快。这就可以解释为什么夏天食物变质得更快，但如果果物放在冰箱里，就可以保存得久一点。这是因为低温可以减缓食物变质的速度①。

阿伦尼乌斯公式中出现了一个特殊的量，叫作**活化能**（activation energy），我们可以将其定义为使一个反应发生所需的最小能量。为了能进行反应，反应物分子必须以高于某个临界值的能量相互碰撞。这就好比我们要从一个国家到另一个国家去，而它们之间被一座山丘隔开，为了到达目的地，我们必须有足够的能量来克服山丘的高度，而且不管目的地比起点的海拔高还是低，我们都要这样做。反应的速率会随着活化能的增加而降低。图35显示了能量在反应过程中的变化情况。

---

① 影响食物变质的因素很多，比如微生物在其中也起到了显著的作用。——编者注

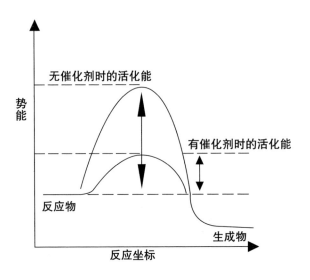

图35 反应曲线

该图显示了能量在反应过程中的变化情况。在有催化剂的情况下活化能降低，导致反应速率增加

如果反应中生成物的能量比反应物的能量少，则该反应会释放出多余的能量（**放能反应**）；反之，反应会吸收能量（**吸能反应**）。无论如何，反应最开始都必须为反应物提供足够的能量，以克服活化能所代表的"能量差"。这就可以解释为什么需要火花（或火焰）来点燃煤气灶，以及为什么即使是炸药（其反应会产生大量的能量）也必须由雷管来触发。

活化能和反应顺序取决于反应物分子转化为生成物分子的"方式"。这种"方式"被称为**反应机理**（reaction mechanism）。它是指反应得以发生所经由的全部基元反应。一个反应的反应机理可以因**催化剂**（catalyst）的加入而被改变。催化剂在反应过程中没有发生变化，但它们的存在却改变了活化能，从而改变了反应发生的速率。催化剂可以适当地提高反应速率，但**抑制剂**（inhibitor）却会降低反应的速率。催化剂在化工业中有着重要的作用。

催化剂在生物反应过程中也发挥着关键作用，这样的催化剂被称为**酶**。酶对生命的存在至关重要，同时它们也有很多的技术和工业应用。

4.2 饭　后

● **看电视**

　　吃完晚饭并收拾好厨房后，你坐在客厅的沙发上看电视。你对电视节目缺乏兴致，因为你只是偶尔看看新闻、自然和科学纪录片以及电影。你一直都认为电视是一个非常棒的传媒工具，具有巨大的文化潜力（在过去的意大利，它有着重要的教育作用）。但一段时间以来，电视节目内容的平均质量屡创新低。不过，撇开节目内容，电视机本身可以称得上技术瑰宝，其背后是几个世纪以来积累的科学知识，当然其中也不能缺少化学。

　　几年前，几乎所有电视的显示器使用的都是**阴极射线管**（cathode-ray tube，CRT）。阴极射线管最早由英国物理学家、化学家威廉·克鲁克斯于1870年左右研制。克鲁克斯借助这种装置揭示了所谓的**阴极射线**（cathode ray）。19世纪末，英国物理学家约瑟夫·约翰·汤姆森发现，阴极射线由带有负电荷的微观粒子束组成，这些粒子被称为**电子**。原子的外部就是由电子构成的，因此所有的化学反应都伴随着电子的转移（见第一章第2节拓展：

化学键）。对化学家来说，电子就像神一样，没有电子就不会有化学！

1897年，德国物理学家卡尔·费迪南·布劳恩（Karl Ferdinand Braun，1850—1918）使用克鲁克斯管（阴极射线管）制作了第一台阴极射线管示波器（cathode ray oscillograph），这是一种能够在屏幕上显示电信号的仪器。1907年，俄罗斯科学家、发明家鲍里斯·罗辛（Boris Rosing，1869—1933）做了一个实验，他成功地在用阴极射线管制成的屏幕上显示出了几何图形——这就是电视机的雏形。

阴极射线管屏幕上的图像由阴极的电子束产生，电子束会被适当的电极加速，并由源自电视电路的电磁场"驱动"。屏幕内部由荧光粉覆盖。荧光粉是磷光材料，当它们被电子束击中时会发光。电子束的能量将荧光材料的最外层电子激发到更高的能级，当这些电子返回到它们原来的能级时，它们会以光的形式释放出多余的能量。最常用的荧光材料之一是硫化锌（ZnS），除了它，我们也会使用锌、镉、锰、铝、硅和一些稀有金属（稀土）的氧化物、硫化物、硒化物、卤化物或硅酸盐。但是，为了能够发挥其效果，这些材料中必须加入少量的**磷光活化剂**（Phosphorescence activator）。磷光材料是一类半导体（见第一章第1节），活化剂的存在会在禁带内产生新的能级，这是触发磷光现象的必要条件。对于硫化锌荧光材料，广泛使用的活化剂是铜和银。

彩色电视使用了能够发出红、绿、蓝3种不同颜色的荧光粉，还都具有聚焦系统的3个阴极。每个阴极产生一个电子束，而每个电子束又只能激发3种颜色中的1种荧光粉。阴极射线管的电子束会产生少量的X射线，所以电视机的屏幕是由铅玻璃制成的，它可以吸收X射线。

目前，用阴极射线管制成的电视几乎完全被平板电视取代。平板电视的实现通常会使用到各种类型的技术，如［可能带有LED（发光二极管）背光的］**液晶显示（LCD）**、**等离子显示（PDP）**和**有机电致发光显示（OLED）**。

关于LCD和LED，我们已经在第一章第1节中的闹钟部分讲到过。当然，彩色电视的屏幕技术比闹钟的显示屏技术更为复杂，但它们的工作原理基本上是一样的。

而等离子显示器（PDP）使用的原理就有所不同了。"等离子体"是指由正离子和电子（同样来自气体原子的电离）的集合体组成的离子化气体状物质。它被认为是物质聚集的第四种状态，其他3种是固态、液态和气态。它的发现要归功于前面提到的威廉·克鲁克斯。但"等离子体"这个名字则是由美国人欧文·朗缪尔（Irving Langmuir，1881—1957）——1932年的诺贝尔化学奖得主在1927年首创的。等离子体有特殊的性质，它由可以自由移动的电荷组成，所以它的导电性能优良，并且对电磁场也很敏感。在地球上，等离子体很少会自发形成，只有在闪电和北极光中才会出现等离子体。但在宇宙中，等离子体就很常见，比如恒星和星云就是由等离子体构成的。

等离子显示屏由两片玻璃组成，在这两片玻璃之间有成千上万个小单元，小单元里含有惰性气体氖（Ne）和氙（Xe）的混合物。在单元上连接着两组电极。通过适当的放电，惰性气体的混合物被转化并保持在等离子体状态。交流电压使带电粒子（离子和电子）来回移动。在这些条件下，气体等离子体发出人眼看不到的紫外线辐射。紫外线辐射通过覆盖在单元内壁上的磷光物质（荧光粉）转化为可见光。因此，每个单元就表现得像一个微型的荧光灯。

每个单元（对应一个像素）包含3个独立的子单元，每个子单元都有不同颜色的荧光粉，分别是红色、绿色和蓝色。通过改变流经不同单元的电流，控制系统可以改变每个子单元中颜色的强度，利用三色技术（见第一章第5节）创造出数十亿种不同的绿、红、蓝组合，提供极其精确的色彩渲染。

液晶显示器（LCD）和等离子显示器（PDP）与老式的阴极射线管显示器（CRT）相比有几方面优势。首先是它们的尺寸更小。另外就是LCD和PDP还提供了更稳定明亮且不闪屏的图像，这样即使我们近距离观看也不会感到疲劳。不过，这些显示器的单个像素的视角方面存在一些缺点，尤其是对于LCD屏幕来说。LCD屏幕也有可能在黑色的深度方面（屏幕无法做到纯黑）出现问题。因为即使液晶面板是"封闭"的，却仍有一些光线通过。而PDP屏幕就不会发生这样的情况，因为封闭的等离子面板不会发出任何光线。另一方面，在PDP屏幕中，像素的大小不能低于某个限制的值。正因此，才没有小于32英寸的等离子显示屏（屏幕尺寸是指其对角线的长度）。最后一点就是，PDP显示器中的荧光粉可能会随着时间的推移出现老化的迹象，从而使画面质量降低。

一段时间以来，市场上已经出现了采用OLED新技术制造的电视机。OLED是指**有机发光二极管**（Organic Light Emitting

Diode）。正如我们在第二章第1节最后那里解释的那样，有机化合物是含碳化合物。用于OLED的有机物质有两种类型：小分子和聚合物（这里我们说的是LEP，**发光聚合物**，见第三章第2节）。

20世纪50年代初，在南锡大学（University of Nancy）的法国化学家和物理学家安德烈·贝尔纳诺斯（André Bernanose，1912—2002）首次观察到有机物质在有电流的情况下发出光来（电致发光）。1960年，物理化学家马丁·波普（Martin Pope，生于1918年）在纽约大学进一步开展了对有机化合物的电致发光现象的研究，为该现象的理论解释做出了重要贡献。1965年，加拿大国家研究委员会的沃尔夫冈·海尔弗里希（Wolfgang Helfrich，生于1932年）和威廉·乔治·施奈德（William George Schneider，1915—2013），以及陶氏化学公司（Dow Chemical）的研究人员又做出了其他的贡献，他们为一种制备电致发光元件的方法申请了专利。

而首次对聚合物薄膜进行电致发光观察的则是英国国家物理实验室（National Physical Laboratory）的罗杰·帕特里奇（Roger Partridge）。他在此过程中使用的是2.2微米厚的**聚乙烯基咔唑**［Poly（*N*-vinyl carbazole），PVK］薄膜，他们的成果于1975年获得专利，并于1983年发表。1987年，在伊士曼柯达公司（Eastman Kodak Company）工作的中国化学家、物理学家邓青云（生于1947年）和美国化学家史蒂文·范·斯莱克（Steven Van Slyke）制作了第一台高效率、低电压的有机显示器。这些显示器由两层有机材料组成，一层作为空穴接受体，另一层作为电子接受体，从而以低电压实现高亮度。1990年，剑桥大学卡文迪许实验室（Cavendish Laboratory of Cambridge）的杰里米·伯劳斯（Jeremy H. Burroughes）及其合作者利用100纳米厚的**聚对苯乙烯**［Poly（*p*-phenylene vinylene），PPV］薄膜的电致发光，实现了一个高效率的装置，使这一领域的研究又向前迈进一步。最后，在2008年7月，索尼（Sony）、东芝（Toshiba）和松下（Panasonic）公司宣布联合生产OLED技术的显示屏。典型的OLED屏幕是由位于两个电极（阳极和阴极）之间的有机材料层组成的，其阳极和阴极全部沉积在基板上。

导电聚合物之所以会导电，是因为其特殊的结构，即结构中碳原子之间的单键和双键交替出现［**共轭聚合物**（Conjugated polymer）］。这些材料的导电性能可与无机半导体相媲美。量子力学表明，这些分子拥有特殊的能级，该能级与被称为HOMO（**最高占据分子轨道**）和LUMO（**最低未占分子轨道**）的轨道有关，HOMO与LUMO之间的能量差对应于无机半导体的价带和导带之间的能隙。这种类型的聚合物中第一个被合成的是**聚乙炔**（Polyacetylene，PAC），于1959年由居里奥·纳塔实现。但纳塔得到的是粉末状的聚乙炔，这显然没有什么意义。1974年，日本化学家白川英树（Hideki Shirakawa，生于1936年）制得了薄膜状的聚乙炔。1977年，新西兰化学家艾伦·格雷厄姆·麦克迪尔米德（Alan Graham MacDiarmid，1927—2007）和美国物理学家艾伦·杰伊·黑格（Alan Jay Heeger，生于1936年）发现，聚乙炔可以像无机半导体一样进行掺杂，从而打开了有机电子学的大门。白川、麦克迪尔米德和黑格因这一发现获得了2000年的诺贝尔化学奖。

OLED技术可以制造出非凡的显示器，这种显示器屏幕如纸一般轻薄且极具柔韧性。而且，与普通的LCD显示器不同，OLED显示器不需要背光源，因为它们自身会发光，这样就可以节省大量的能耗。另外，由于OLED是由塑料材料制成的，因此可以使用油墨打印机，甚至是丝网印刷技术轻松地将材料印刷在任何基板上。OLED显示屏色彩丰富，亮度不错，视角也比LCD宽，黑色这个颜色的质地也要好很多。OLED的最大缺点就是它寿命有限，就目前而言，它比LCD和PDP的寿命都要短。但是这项技术还未成熟，未来肯定还会有很大发展。OLED的一个最新发展是AMOLED（有源矩阵有机发光二极管）。它也是由3层结构组成，包括阴极层、有机分子层和阳极层。然而，阳极层结合了一个形成矩阵的薄膜晶体管（Thin Film Transistor，TFT）网络。这个薄膜晶体管网络构成电路，而电路决定哪些像素会被打开形成图像。这项技术使显示器变得更薄、更轻、更坚固，能在低功耗下运行，并以较低的成本（与普通的LCD相比）提供更好的图像质量。一些最新的智能手机已经使用了这种技术。

● 一个惊喜：烟花表演

由于电影非常无聊，你在沙发上睡着了，但是一声巨响让你惊醒。从窗户望去，你看到对面的山丘上在为庆祝守护神节日而进行的烟花表演。你发现烟花表演要比电影有趣得多，所以就站在窗前看起了烟花，这真是一个惊喜。

花炮的制造，或者说烟花的制造，起源于中国。欧洲在1300年前后开始发展烟花技术。这是一门古老的艺术，尽管它基本上是在经验的基础上发展起来的，但还是包含了有趣的科学，尤其是化学方面。

任何烟花的基础都是火药，也称为有烟火药或黑火药，它们同样也起源于中国，后由罗杰·培根（Ruggero Bacone，约1214—1294）传播到欧洲，他在1242年公开了火药成分。现在的火药成分和过去的一样，由75%的硝酸钾（或称硝石，KNO_3），15%的煤粉和10%的硫黄粉（S）组成。在正常的燃烧中，燃料（还原剂）和助燃剂（氧化剂）发生化学反应，而火药（以及一般的传统炸药）的燃烧与正常的燃烧相差无几。唯一的区别就在于，火药的助燃剂（氧气）不是由空气提供，而是由组成火药的混合物中的一种固体成分（硝酸钾）提供。

在化学反应过程中，燃料向助燃剂释放电子，并与氧气结合。生成物中的特殊化学键比反应物中的特殊化学键更稳定。因此，该反应放热放能。点火后，反应发生得非常迅速，类似于能量的迸发。

烟花中的火药既是推进剂，也是炸药。火药中的燃料包括碳和硫。除此以外，也有其他可燃物质被用于烟花，如糖（用于烟幕弹）、硅和硼（主要用于引信）以及铝、镁和钛等金属元素。金属元素与空气中的氧气接触燃烧，产生高温并发出非常强的亮光（镁也用于摄影，以产生拍照时经典的闪光，见第一章第5节）。金属元素还用于产生伴随烟花爆炸时的发射光，十分引人注目。烟花表演中看到的光基本上来自3种机制：白炽、原子发射和分子发射。爆炸释放出的热量会使固体粒子达到高温状态，发射出宽范围的辐射光谱（白炽：某些物质由于处在高温状态下而发光的现象）。温度越高，发出的辐射波长越短。例如，镁燃烧产生的氧化物粒子的温度可达到3000℃，这个温度会导致物质发出非常强烈的白光。用高氯酸钾（$KClO_4$）和铝的混合物也可以获得类似的闪光。

许多金属原子一旦因接收到了能量而被激发，就会发出属于可见光（波长为380～780纳米的电磁辐射）区域的电磁辐射。每种金属元素都有自己的发射光谱，该光谱的特点就是有明确的波长值（因此也有明确的颜色）。辐射的发射是由于能量较高的轨道（电子被激发后到达的轨道）和能量较低的轨道之间的电子跃迁。每个电子跃迁都确定了一个光子的发射，而这个光子的能量就等于发生跃迁的两个轨道之间的能量差。类似的机制也适用于那些一旦被激发就能发出辐射的分子。另外，激发分子也需要提高温度，但如果温度过高，分子就会分解，因此温度的把控尤其重要。

烟花表演中所看到的颜色来自物质的原子发射和分子发射，而这些物质是通过向火药中添加特定的焰色添加剂而形成的。因此，为了获得红色，我们添加了锶（Sr）的化合物，它会产生波长在605～682纳米的辐射。黄色是通过使用钠（Na）的化合物获得的，这种化合物发射波长为589纳米的辐射。添加钡（Ba）的化合物可以发出绿色，它发出的辐射波长为507～532纳米。烟花制造者要解决的一个难题是如何制得蓝色的烟花，因为没有任何元素会发出这种波长的辐射。氯化亚铜（CuCl）的使用解决了这个问题。只要温度保持在一个精确的范围内，氯化亚铜分子就会发出美丽的蓝色辐射。然后，通过结合不同的物质还可以获得特定的颜色。例如，紫色是从氯化锶（$SrCl_2$）和氯化铜（$CuCl_2$）的联合发射中获得的。

除了颜色，烟花在天空中描绘的"图案"也很重要。弹道方面由烟花的构造方法来调节。装填的火药作为推进剂，将火焰带到高空。在发射的那一刻，还点燃了延时引信，以便爆炸在高空中发生，最后爆炸就会诱发焰色反应。发射筒的结构可以实现多次连续的爆炸，产生奇异的效果。

我们说，烟花技术的发展基本上是建立在经验的基础上，并由少数家族世代相传。直到最近，科学界才开始研究这一主题。也因此，关于烟花技术的文献不是很多。在过去的作品中，值得一提的是范诺西奥·比林吉奥（Vannoccio Biringuccio，1480—约1539）的《论烟火》（*De la pirotecnia*）。作者死后，这本书于1540年在锡耶纳（Siena）出版。这部作品涉及从金属的提取和加工以及火药的军事用途等各种主题[9]。

● 亲密生活中的化学：
避孕药和治疗勃起功能障碍的药物

令人惊喜的烟花表演结束了，你看了下时间，该睡觉了。你钻进被窝，但你和妻子都还没有睡意，然后……也许你从未想过这个问题，但化学也可以介入亲密关系中，影响你生活中最隐私的方面。

　　早在古代，人们就琢磨着如何节育，并且那时候就不乏化学方法的使用[10]。

　　埃及的《彼得里纸莎草书》（Petri papyrus），其历史可追溯到公元前1850年，上面有内容表明，在男女发生关系前必须将某种被认为是避孕制剂的东西塞进阴道。在另一部公元前1550年的纸莎草书——《埃伯斯纸莎草书》（Ebers papyrus）中则详细描述了可以被认为是历史上第一种能够杀死精子的工具，它就是用蜂蜜和阿拉伯树胶浸湿后的羊毛棉球。其杀精效果可能源于阿拉伯树胶的发酵，因为发酵产生的乳酸为精子的活动创造了一个不利的环境。在其他埃及纸莎草书中，也有建议使用浸泡在蜡和石榴籽提取物中的棉球。我们今天知道，石榴籽含有**植物雌激素**（phytoestrogen），这种物质能够与**雌激素**（estrogen，女性激素，见下文）的受体结合，影响**促性腺激素**（gonadotropin）的产生。公元前1世纪的印度教文献中记录了用化学手段避孕的方法，该方法使用的是药用植物，我们今天已经知道这些植物具有抗促性腺激素活性。在《塔木德》（Talmud）中还描述了浸有各种植物成分的阴道海绵的使用。在公元前5世纪，希波克拉底（Ippocrate）提出了一些口服避孕的方法，包括吞服硫酸铁和铜的混合物以及从各种植物（如番红花、月桂树、荨麻种子或牡丹的根部）中提取的制剂。

　　在罗马帝国时期，除了使用清洗避孕法外，动物的膀胱也开始被用作受精的机械障碍，由此出现了第一种简单粗糙的避孕套。多个世纪以来，动物薄膜（膀胱和肠子）和布料是用于这一目的的仅有材料。1555年，来自摩德纳（Modena）的医生、自然学家加布里埃尔·法洛皮奥（Gabriele Falloppio，约1523—1562）发表了关于男用避孕套的科学文章，表明避孕套除了用于避孕，还可以有重要的预防作用，特别是防止梅毒的感染。直到1839年查尔斯·固特异（Charles Goodyear）发现了橡胶的硫化过程（参见第三章第2节），我们才有了制作避孕套的合适材料，并且由此促进了避孕套的传播。但与此同时，人们也在继续努力寻求有效的化学避孕方法。例如，1880年，伦敦的药剂师沃尔特·伦德尔（Walter Rendell）发明了一种杀精制剂，该制剂具有卵子的形状，由可可脂和硫酸奎宁制成。在20世纪，人们为获得有效的化学避孕方法不懈努力着。

1901年，奥地利生理学家路德维希·哈伯兰特（Ludwig Haberlandt，1885—1932）证实，月经受到卵巢以及大脑产生的一种激素的调节。哈伯兰特还在1919年证实，将妊娠母兔的卵巢切除，然后移植到非妊娠兔子的体内，可以抑制非妊娠兔子的排卵。1929年，德国生物化学家阿道夫·布特南德（Adolf Butenandt，1903—1995）成功地分离出**雌酮**（estrone），随后又分离出其他主要的男性和女性的性激素，如**雄甾酮**（androsterone，1931年）、**孕酮**（progesterone）和**睾酮**（testosterone，1934年）。由于这些成就，他在1939年获得了诺贝尔化学奖。同时，由于玛格丽特·桑格（Margareth Sanger，1879—1966，她是一名护士，也是节育倡导者）等人的斗争，在医学领域和社会层面，人们开始接受计划生育，尽管此时还有宗教阵营不断进行意识形态上的抵制。1912年，英国开设了第一家节育诊所。1926年，上议院授权启动了有关这些主题的教学课程。与此同时，第一批激素类的避孕药也开始投放市场。1934年，在德国先灵制药公司（Schering AG）的实验室里，化学家欧文·史威克（Erwin Schwenk）和弗里茨·希尔德布兰德（Fritz Hildebrand）成功合成了用于还原雌酮的**雌二醇**（estradiol）。1934年，同样是在先灵公司实验室里，德国化学家汉斯·英霍芬（Hans Inhoffen，1906—1992）和医学家沃尔特·霍尔维格（Walter Hohlweg，1902—1992）成功合成了**炔雌醇**（ethinylestradiol）（图36）。这一成就非常重要，因为炔雌醇至今仍是口服避孕药中常用的雌激素成分。他们还制作出了第一种合成孕激素制剂。1944年，哥廷根（Gottingen）的维尔纳·比肯巴赫（Werner Bickenbach）和保利科维奇（E. Paulikovics）通过使用孕酮成功实现了对女性排卵的抑制。

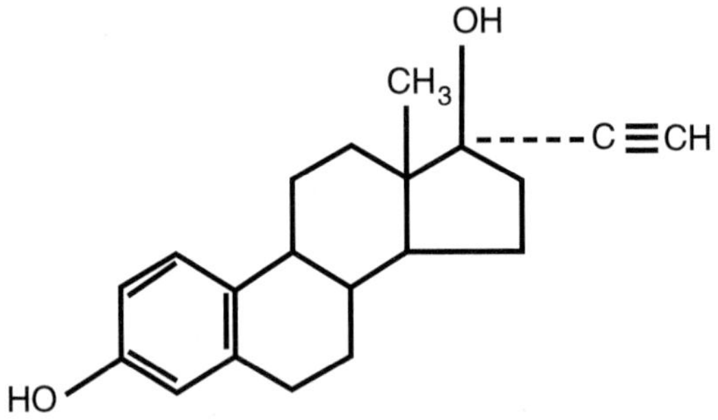

图36　炔雌醇的分子结构

口服避孕药发展的转折点是在1950年，创立了美国计划生育协会（Planned Parenthood Federation of America）的玛格丽特·桑格遇到了美国生理学家格雷戈里·平卡斯（Gregory Pincus，1903—1967）。平卡斯一直在进行激素实验，但他资金告急，研究面临中断的风险。桑格便设法让凯瑟琳·德克斯特·麦考密克（Katharine Dexter McCormick，1875—1967），一位坚定地捍卫妇女权利的富有寡妇，向他捐赠了一大笔钱。几年后的1956年，格雷戈里·平卡斯与他的同事、中国生物学家张明觉（1908—1991）和哈佛大学的妇科医生约翰·洛克（John Rock，1890—1984）一起，进行了对雌激素、孕激素药片（药片中的激素剂量比今天高40倍）的首次临床试验。这项实验在美国被认为是非法的，因此该实验是在波多黎各（Porto Rico）和海地（Haiti）的67名志愿者妇女身上进行的，并且宣称是一项针对月经紊乱的研究。随后他们又在波多黎各和墨西哥进行了进一步的实验。最后实验的结果非常成功，第一批避孕药于1960年在美国注册并开始销售。1961年6月10日，柏林的先灵制药公司在欧洲和澳大利亚上市了第一款口服避孕药Anovlar®。

避孕药的上市引发了无休止的道德和宗教争论，意识形态常常凌驾于科学之上。1968年的学生起义 ① 极大地促进了避孕药的普及。在意大利，直到1971年，宪法法院才废除了关于禁止避孕的《刑法》第533条，并于1975年建立了公共咨询中心，为人们提供关于避孕的正确信息。

如果说避孕用具，特别是避孕药的传播代表着人们的思想观

---

① 1968年5月起，欧洲各国陆续出现以学生为主导的群众运动，史称"五月风暴"。事件因青年学生反对美国的侵越战争而起，却对欧洲的政治、文化、思想领域影响深远。——编者注

念和生活作风发生了深刻的改革，使数百万妇女摆脱了意外怀孕的风险，那么最近，化学又促进了人们亲密生活的第二次革命，不过这次是针对男性的。

与其他动物不同，人类男性的生殖器中没有骨头。因此，为了交配，必须发生一系列决定生殖器勃起的复杂生理过程。但这一切并不总是都能正常进行，勃起功能障碍的问题一直困扰着男性，各种迷信、谗言以及旁人的嘲弄永无休止，舆论中心的人们也深陷沮丧和屈辱。在古代，人类和动物的生育能力以及农业，一直与神奇的宗教仪式联系在一起。因此，那些患有阳痿的人会求助特定的神灵，这些神灵通常以勃起的生殖器形式出现。例如，希腊人和罗马人都会有"阳具游行"，这是为了纪念普里阿普斯（Priapus）和狄俄尼索斯（Dionysus）而举行的庄严游行，游行中伴随着歌唱和舞蹈，人们抬着巨大的木制男性生殖器前进。在《圣经》中，阳痿被描述为神的惩罚。《创世纪》中说，上帝使杰拉卡（Geraca）的国王阿比梅勒赫（Abimelech）患有阳痿，因为他觊觎亚伯拉罕（Abramo）的妻子莎拉（Sara）。根据希波克拉底（约前460—前377）的说法，生殖器勃起是由气息（空气）的流动和生命精神决定的。只有在达·芬奇的解剖学研究中，人们才知道勃起是由于血液流动促成的。1677年，荷兰医生和解剖学家莱纳·德格拉夫（Reiner de Graaf, 1641—1673）对此进行了演示，他们通过向髂内动脉注水使尸体的生殖器发生了勃起。

在中世纪，为了治疗阳痿，人们在饮食上依赖于形状像生殖器的蔬菜和水果，或者牡蛎和动物睾丸，他们相信这些东西具有壮阳的效果。从16世纪开始，举行了多次教会庭审来决定婚姻的无效性。在这些庭审中，被怀疑阳痿的丈夫不得不在神学家、医生和助产士面前公开展示他们的生殖器能力，其中的羞辱和挫败可想而知。

随着时间的推移，医学的发展使得人们能够更好地了解生殖器勃起的机制，并将勃起功能障碍与各种器质性原因以及心理原因联系起来。但是，问题依然没有得到解决，在20世纪60年代，人们开始实验阴茎假体的使用。在80年代，对局部注射的药物进行了实验。但这些补救措施都存在很多问题。直到90年代，这一问题的研究取得了前所未有的飞跃性进展。

1989年，在英国桑威奇（Sandwich）的辉瑞中央研究院（Pfizer Central Research），由彼得·邓恩（Peter Dunn）和阿尔伯特·伍德（Albert Wood）领导的研究小组在研究一种新分子（以缩写UK-92480表示）的特性，它能够抑制**磷酸二酯酶Ⅴ型**（phosphodiesterase type 5，PDE5）的活性。这种分子可以舒张血管，起到扩张血管的作用，因此，人们认为它可以用于治疗心血管疾病，例如心绞痛和高血压。1991年，这种分子制成的药物获得了专利，并推进了临床试验计划，以便投放市场。但是，在试验过程中，接受治疗的病人注意到了该药物的一个奇怪的副作用，那就是生殖器勃起次数异常增加。起初，这一副作用并没有被人们重视。但该药物在治疗血管疾病方面效果平平，增加了人们对这种意外的副作用的兴趣。另外人们注意到，该药物还能重新激活患有阳痿的受试者的勃起功能。同时，关于勃起生理学的一些研究已经明确，勃起是由于阴茎中动脉平滑肌的松弛而发生的，这个过程中会有血流量增加。此机制由一个简单的分子，即一氧化氮（NO）

介导。这些研究的推进主要归功于意大利裔美国药理学家路易斯·伊格纳罗（Louis J. Ignarro，生于1941年）、美国生物化学家罗伯特·弗朗西斯·弗奇戈特（Robert Francis Furchgott，1916—2009）、美国医生和药理学家费里德·穆拉德（Ferid Murad，生于1936年）。三人获得了1998年的诺贝尔生理学或医学奖。《科学》杂志曾在1992年将一氧化氮分子评为年度最佳分子[11]。

继续进行UK-92480的实验，我们了解到它正是通过上面提到的这种机制发挥作用的。当男性受试者受到性刺激时，他的大脑会通过向周围神经发送信号来触发勃起。这些信号导致生殖器区域的血管中释放出大量的一氧化氮，刺激血管扩张和血流量增加，从而产生勃起。勃起发生问题通常是由神经末梢产生的一氧化氮不足引起的。UK-92480分子通过放大气体的作用在分子水平上发挥效能。但是，应该注意的是，该分子只能在已经存在一定浓度一氧化氮的血管中才会发挥作用。这意味着这种分子本身不能产生勃起，而只有在大脑发出信号的情况下，也就是只有在受到性刺激时才会产生。

从化学的角度来看，UK-92480分子具有相当复杂的结构和一个很难读出来的名字：1-{［3-（6,7-二氢-1-甲基-7-氧代-3-丙基-1*H*-吡唑并［4,3-d］嘧啶-5-基）-4-乙氧基苯基］磺酰基}-4-甲基哌嗪柠檬酸盐，即1-{［3-(6,7-dihydro-1-methyl-7-oxo-3-propyl-1*H*-pyrazolo［4,3-d］pyrimidin-5-yl) -4-ethoxyphenyl］sulfonyl} -4-methylpiperazine citrato（见图37）。

简洁一点，它被称为**枸橼酸西地那非**（Sildenafil Citrate），但更简洁一点，它就是我们所说的"**伟哥**"（Viagra）。伟哥是美国食品药品监督管理局于1998年3月27日批准其上市后给予它的商品名称。经过4年的进一步试验（涵盖4000多名受试者）它才获批上市，在试验期间，人们试图通过优化剂量来获得药物预期的效果并将副作用降至最低。

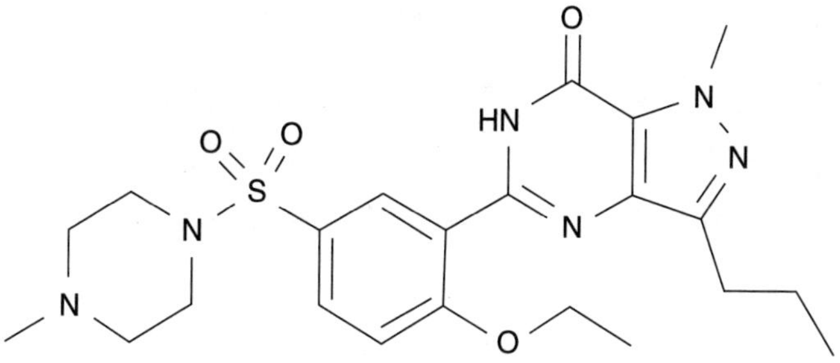

图37　伟哥的分子结构

　　因为勃起问题极为普遍，所以伟哥以及其他类似药物的市场推广有效地解决了几千年的难题，使数百万男性恢复了"性"福。据估计，2012年欧洲有此类问题的男性人数超过了3000万，其中仅意大利就有300万人。这一人数似乎还在上升。据预测，到2025年，将有4300万名男性会受到勃起功能障碍的困扰。

拓展：化学与药物

　　疾病不是靠说话而是靠药物来治愈的，一个人不是靠说话而是靠实践来成为农民或水手的[12]。

"药品"这个词来源于希腊语的φαρμακός（Pharmakós），最初表示献祭牺牲者、替罪羊。如果说最初的Pharmakós仪式是一种残忍的献祭，那么随着时间的推移，它就变成了一种象征性的献祭。例如，希腊诗人伊波纳特（Ipponatte，公元前6世纪）讲述了一个因丑陋而被选中的人为了集体的利益而被供养，然后在某一天，人们为了远离他的不幸和疾病而粗暴地将他赶出城市的故事。

　　随着时间的推移，Pharmakós一词变成了Pharmakéus，指某种能够抵御疾病的物质（药剂、药物等）或人（医者、萨满等）。最后，这个词又进一步变成了φάρμακον（phármakon），表示治疗性的植物、毒药或药物，从而接近今天的含义。

　　人类使用的第一种药物当然是由动物、植物和矿物的产品组成。古代最流行的药物之一是**解毒糖剂**（teriaca或triaca）。这是一种能够治疗许多疾病的奇药，含多种成分，其中包括必不可少的蝰蛇肉。尽管解毒糖剂的治疗效果不大，但是它的使用横跨了几个世纪。在中世纪，人们对植物特别感兴趣。为了利用植物的治疗特性，在"简单的花园"中种植了许多植物品种。

　　直到文艺复兴时期，人们才首次尝试了化学药理学的研究。瑞士医生、炼金术士和占星术家帕拉塞尔苏斯（Paracelsus，全名Philippus Aureolus Theophrastus Bombastus von Hohenheim，1493—1541）是**医疗化学**（iatrochemistry）的主要代表人物。"医疗化学"这个词来源于希腊语，ιατρός（iatrós）意为"医生"，χημεία（chemeía）意为"化学"。根据这一概念，我们可以通过摄入某些合成物质来恢复健康。

　　医疗化学有一个更为广泛的概念，叫作spagirica（来自希腊语σπάω, spáo, 意为"分离", 和αγείρω, aghéiro, 意为"结合")。这是一种基于自然规律研究的医学学说, 与希波克拉底和盖伦(Galen)的传统医学相对立。但盖伦的医学发展更成熟, 在很长一段时间里, 人们仍在使用盖伦疗法。例如, 解毒糖剂持续大规模生产, 以至在威尼斯(产出的解毒糖剂在各地都很有名, 并广受赞赏), 人们不得不人工饲养蝰蛇, 因为大批量生产已经使野外捕获的蝰蛇(作为解毒糖剂的主要成分)供不应求了。

真正的药物化学的诞生是在19世纪的第一批有机合成物诞生之后(见第二章第1节拓展: 碳和有机化学)。

讲述药物化学的历史会需要很多篇幅, 所以我们仅回顾一些重要的阶段。

1844年, 法国化学家安托万·热罗姆·巴拉德(Antoine-Jérôme Balard, 1802—1876)合成了**亚硝酸异戊酯**(isopentyl nitrite)。1857年, 苏格兰医生托马斯·劳德·布鲁顿(Thomas Lauder Brunton, 1844—1916)发现了这种化合物在治疗心绞痛方面的作用。1879年, 英国医生威廉·穆瑞尔(William Murrell, 1853—1912)发现, 用硝化甘油(nitroglycerine)也可以获得类似于亚硝酸戊酯的效果。硝化甘油是由皮埃蒙特(Piemonte)的化学家阿斯卡尼奥·索布雷罗(Ascanio Sobrero, 1812—1888)在1847年合成的。19世纪末, 其他合成物质也开始用于治疗目的, 比如**酚酞**(phenolphthalein, 1871年)、**薄荷醇**(menthol, 1884年)、**萜品**(terpin, 1885年)和从石油提炼中获得的凡士林(vadeline)。

1863年, 德国化学家阿道夫·冯·拜尔(Adolf von Baeyer,

1835—1917）合成了**巴比妥酸**（barbituric acid），它是一种精神活性类药物的前体（见第五章第1节）。

1886年，由法国化学家查尔斯·弗雷德里克·格哈特（Charles-Frederic Gerhardt，1816—1856）合成的**乙酰苯胺**（acetanilide）的退热作用被发现。阿诺德·卡恩（Arnold Cahn）和保罗·海普（Poul Hepp）两位医生误将乙酰苯胺当作另一种化合物使用，然后就发现了它的退热作用。此后，他们发表了对乙酰苯胺的观察结果，并建议德国化学家弗里德里希·卡尔·杜伊斯堡（Friedrich Carl Duisberg，1861—1935）使用**对乙氧基乙酰苯胺**（p-ethoxyacetanilide），即**非那西汀**（Phenacetin），它是一种有效的解热镇痛药。随后，这一领域的研究还促成了**对乙酰氨基酚**（acetaminophen），即**扑热息痛**（Paracetamol）的诞生，这种至今仍被广泛使用的药物，由美国化学家哈蒙·诺索普·莫尔斯（Harmon Northrop Morse，1848—1920）合成。

19世纪，第一批制药公司开始出现。1827年，德国药剂师亨利希·默克（Henrich E. Merck）将他的家庭药店改造成生物碱的制备厂，该工厂随后成为化学制药的巨头。其他公司也先后成立，比如德国的拜耳（Bayer，1863年）、赫斯特（Hoechst，1863年）、巴斯夫（BASF，1865年）、先灵（Schering，1871年）；意大利的卡洛厄尔巴（Carlo Erba，1865年）、多姆-阿达米（Dompè-Adami，1890年）、勒多加（Lepetit-Dollfus-Gansser，1884年，意大利的拜耳公司代表）以及瑞士的汽巴-嘉基（CIBA-Geigy，1884年）和山德士（Sandoz，1886年）等公司。

1853年，查理·弗雷德里克·日拉尔（Charles Frederic Gerhardt）

合成了**乙酰水杨酸**（acetylsalicylic acid）。1897年，德国药剂师费利克斯·霍夫曼（Felix Hoffmann，1868—1946）开发出了乙酰水杨酸工业合成方法，随后拜耳公司以**阿司匹林**（aspirin）的名字注册了这种药物。这个名字中的前缀"a"表示乙酰基，而词根"spir"来源于Spirea ulmaria（绣线菊），绣线菊这种植物中含有绣线菊酸，也就是水杨酸。水杨酸（最早是从柳树皮中提取出来的，因此也叫柳酸）的治疗效果以及它严重的副作用很早就被人们熟知了。乙酰水杨酸（阿司匹林）保留了水杨酸的解热和消炎的特性，同时又减轻了它的副作用影响。在很短的时间内，阿司匹林就成为世界上最知名的药物之一，直至今日仍然举足轻重。图38所示为乙酰水杨酸的分子结构。

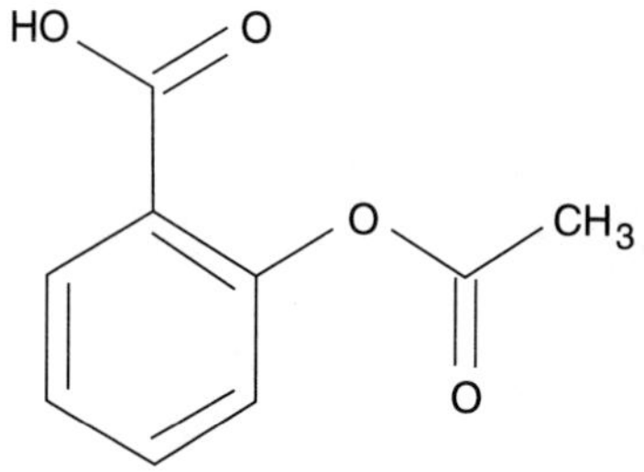

图38　乙酰水杨酸（阿司匹林）的分子结构

　　梅毒是药理学面对的一个巨大的挑战，人们也早就发现砷化合物可以在抵抗梅毒方面显示出一定的效力。1909年，德国微生物学家保罗·埃尔利希（Paul Ehrlich，1845—1915）和日本化学家秦佐八郎（Sahachiro Hata，1873—1938）发现了**撒尔佛散**（arsphenamine或606），一种能够有效对抗梅毒的感染性病原体——**密螺旋体**的化合物。这种化合物以**砷凡纳明**（Salvarsan，字面意思是"用砷来拯救"）的名字在市场上销售，是对抗多种性病的利器。

1932年，德国生物化学家格哈德·多马克（Gerhard Domagk，1895—1964）经过5年的实验，发现了一种红色偶氮染料的杀菌特性，该染料的化学名称为4-［(2,4-二氨基苯基）偶氮］苯磺酰胺{4-［(2,4-diaminophenyl) diazenyl］benzenesulfonamide}，但通常称它为**百浪多息**（prontosil）。在巴黎巴斯德研究院（l'institut Pasteur）进行的一项研究中，意大利人费德里科·尼蒂（Federico Nitti，1903—1947）和丹尼尔·博韦（Daniel Bovet，1907—1992）也参与其中。该研究表明百浪多息本身并不是一种活性药物，而是一种前体药物，而活性分子实际上是百浪多息的代谢产物——**磺胺**（Sulfanilamide）。这一发现开辟了具有强大杀菌能力的磺胺类药物的康庄大道。博韦因这一贡献和对**抗组胺药**的研究贡献，获得了1957年的诺贝尔医学奖。图39所示为磺胺的分子结构。

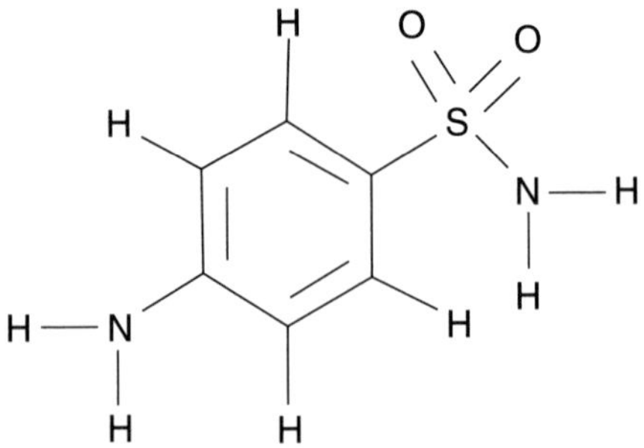

图39　磺胺的分子结构（第一种磺酰胺）

1928年，英国医生和药理学家亚历山大·弗莱明（Alexander Fleming，1881—1955）意外发现了一种霉菌的杀菌作用。10年后，德国生物化学家恩斯特·鲍里斯·钱恩（Ernst Boris Chain，1906—1979）和澳大利亚生理学家霍华德·沃尔特·弗洛里（Howard Walter Florey，1898—1968）从这种霉菌中分离出了活性成分——**青霉素**（penicillin）。这标志着抗生素时代的到来。弗莱明、钱恩和弗洛里因其发现在1945年被授予诺贝尔医学奖。

近几十年来，新药的开发一直稳扎稳打，步履不停。人们已经发现了新的抗生素，分离并合成了激素，也发展了维生素化学，还发现了具有防治病毒、心血管和神经系统疾病的**苯二氮䓬类**（benzodiazepine）和**他汀类**（statins）药物，并根据不同的病理开发了新的抗癌药物和其他特殊药物。进入21世纪，生物技术被引入化学研究中，利用基因工程技术，人们可以获得一些微生物，而这些微生物产生的分子在制药以及其他领域表现卓越。

现在，化学、生物学和医学是维护我们健康的3个不可分割的盟友。但令人惊讶的是，在我们拥有强大且行之有效的药学武器的同时，过时或胡编乱造的伪医学在今天仍然存在，甚至还广为流传。这里的伪医学做法指的是那些所谓的替代性或补充性药物，它们的原理通常基于已淘汰的科学概念[13]。从这个角度来看，典型的例子就是**顺势疗法**（homeopathy）。顺势疗法诞生于化学尚未发展的时候，它的原理非常矛盾。由于顺势疗法的药剂在制作过程中被极度稀释，所以这种药剂中没有任何关于起始活性成分的痕迹。在这方面，顺势疗法的爱好者最好记住本节开头引用的塞尔苏斯（Celsus）的格言。

第五章

晚　上

5.1　甜蜜的梦

● **进入睡眠**

　　这是漫长又紧张的一天。在给了妻子一个晚安吻之后，你侧躺在一边，几秒钟就沉沉睡去了。好吧，至少在睡觉期间化学会放过你吧？但事实并非如此。

　　古希腊人认为睡眠由睡神修普诺斯（Hypno或Hypnos，希腊语Ύπνος）掌管，他是黑暗神厄瑞玻斯（Erebus，希腊语Έρεβος）的儿子、死神塔纳托斯（Thanatos，希腊语Θάνατος）的孪生兄弟。希腊众神中还有掌管我们梦境的梦神（Oniros），他是大地女神或黑夜女神之子。后来，奥维德（Ovidio）在他的《变形记》（*Metamorfosi*）中指出，修普诺斯和黑夜女神的儿子墨菲斯（Morpheus）是我们梦境的创造者。

　　除了神话，无论是从睡眠的作用还是从睡眠的机制方面来说，睡眠一直是一个有趣的科学之谜。研究睡眠-觉醒交替的学者头脑中最早产生的想法之一就是，在睡眠开始时，有某种化学物质在我们血液中循环。然而，这一假设在通过观察连体婴儿的行为之后，很快就被推翻了。这些双胞胎，由于身体上的结合，必然具有相同的循环系统，但他们却能彼此独立地入睡。因此，并不是血液中存在的某些物质让我们入睡。

1910年，法国人勒内·勒让德（René Legendre）和亨利·皮隆（Henri Piéron）发表了他们对狗的实验结果[1]。他们强迫一些狗在10天内保持清醒，然后抽取它们的脑脊液并注射到其他狗的神经系统中。大约一个小时后，其他狗就陷入了深深的睡眠。这一结果表明，脑脊液中存在某种能够诱发睡眠的物质。勒让德和皮隆称这种物质为**催眠毒素**（hypnotoxin）。同年，日本人石森国臣（Kuniomi Ishimori）也进行了类似的实验，得出了相同的结论[2]。他将这个假设中引起睡眠的物质称为**深生物质**（hypogenic substances），还试图分离出这种物质，但最终失败了。

1964年，莫尼耶（Monnier）和霍斯利（Hösli）[3]确定了一种被称为**δ睡眠诱导肽**（delta-sleep inducing peptide）[4]的物质，这种物质取自沉睡兔子的血液，其他兔子注射后会产生睡眠。但该观点遭到其他研究人员的质疑。

1967年，美国科学家约翰·帕彭海默（John Pappenheimer，1915—2007）用山羊做了与勒让德、皮隆和石森类似的实验[5]。从山羊的脑脊液中，他能够分离出所谓的S因子。该因子在1982年被确定为是**胞壁酰二肽**（Muramyl peptide），这是一种由免疫系统产生的分子。脑脊液中还有许多其他物质，包括**δ睡眠诱导肽**、**脂多糖**（Lipopolysaccharide）、**前列腺素**（prostaglandin）、**白介素-1**（Interleukin-1）、**干扰素-a2**（interferon-a2，一种诱导肿瘤细胞坏死的因子）、**血管活性肠肽**（vasoactive intestinal peptide）和**血清素**（serotonin）。我们已经发现，其中的许多物质也能够影响体温和身体的免疫反应。

特别是同样存在于细菌的细胞壁中的胞壁酰二肽，它负责触发免疫反应，产生所谓的**细胞因子**（cytokine），进而产生抗体和巨噬细胞。因此，当身体受到传染病的影响，并伴随发烧时，也会有更强的睡意。根据这些证据，有人认为睡眠可能在优化免疫反应过程中起重要作用。

但是目前尚不清楚睡眠是直接受胞壁酰二肽的介导，还是由受到胞壁酰二肽刺激的细胞因子引发的。

根据其他理论，**前列腺素**是睡眠机制的基础。从化学角度来看，前列腺素是属于类花生酸（Eicosanoids）类的分子。类花生酸是多不饱和脂肪酸，是**花生四烯酸**（Arachidonic acid）的衍生物。图40所示为花生四烯酸的分子结构。

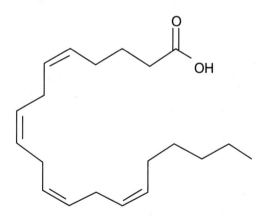

图40　花生四烯酸的分子结构

类花生酸参与了维持人类生理健康的多个重要过程。包括：炎症、与创伤或疾病有关的发热和疼痛、凝血、血管收缩或舒张的调节、肾脏对钠和水的重吸收、胃液的分泌、生殖系统的某些功能、分娩时子宫平滑肌的收缩。最后，类花生酸还在睡眠-觉醒周期的调节中发挥着重要作用。

如果证明了某些物质可以诱发睡眠，那么我们就有理由发问，究竟是什么决定了我们大脑产生这些物质？具有助眠功能的似乎还有另一种叫作**褪黑素**（Melatonin）的物质，其化学名称是 N-［2-（5-甲氧基-1H-吲哚-3-基）乙基］乙酰胺 {N-［2-(5-Methoxy-1H-indol-3-yl) ethyl］acetamide}，是松果体［pineal body，又称脑上腺（epiphysis）］产生的一种激素。松果体位于两个半球之间的大脑深处。在20世纪70年代中期，哈里·林奇（Harry J. Lynch）和同事[6]证明褪黑素的产生遵循昼夜节律，即以24小时为周期而变动。

褪黑素在天黑后不久开始产生，其在血液中的浓度在夜间逐渐增加。最高浓度出现在凌晨2点至4点。之后，随着早晨的临近，浓度开始逐渐降低。暴露在光线下会抑制褪黑素的产生。这一切似乎都是由下丘脑的一个特定区域，即**视交叉上核**（Suprachiasmatic Nucleus，位于视交叉上方）来调节，它直接接收来自视网膜的信号，而视网膜又受到环境中光线的影响。

在松果体中，褪黑素由**血清素**（5-羟色胺，5-hydroxytryptamine）转换而来。血清素也是松果体产生的一种物质，当然它也可由身体的其他部位产生。图41所示为血清素的分子结构。

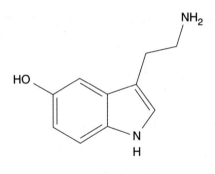

图41 血清素的分子结构

除了作为合成褪黑素的前体，5-羟色胺还有其他重要功能，在调节睡眠—觉醒周期方面也发挥着积极作用。它在白天产生，使我们保持警觉和清醒，刺激学习和记忆活动，提高我们的意识状态和注意力，影响我们的情绪并刺激各种生理活动。在晚上，很大一部分的5-羟色胺会被转化为褪黑素，使人安眠。

还有另一种物质在诱导睡眠方面似乎也很重要，它的名字叫作**食欲肽**（orexin）。在英语中，它也被称为**下视丘分泌素**（Hypocretin），翻译成意大利语读起来就有点滑稽，叫作ipocretina[7]。当我们醒着的时候，这种物质的浓度很高。除了使我们保持清醒，高浓度的下视丘分泌素还能使我们保持心情的舒畅、专注和警觉。在睡眠期间，它的浓度就会显著下降。2013年，《自然通讯》[8]发表了一项关于下视丘分泌素作用的有趣研究。加州大学洛杉矶分校（University of California, Los Angeles）的精神病学教授杰罗姆·西格尔（Jerome Siegel）与其合作者发现，患有日间深度嗜睡症［**发作性睡眠症**（narcolepsy）］和突发性肌无力的人，他们的下视丘分泌素的分泌处于低水平。下视丘分泌素缺乏也可能是导致抑郁症和睡眠过度的原因之一。因此，实验中抑郁症受试者比较嗜睡并不是偶然现象。

　　通过上面的内容（尽管是以一种总结的方式），我们可以了解到调节我们睡眠-觉醒周期的大脑机制是多么复杂。要认识大脑这个非常精密的机器，道阻且长。但无论如何，这一次化学又发挥了重要的作用。

5.2　分子与大脑

● 失　眠

你从来没有过失眠问题，只要一碰到床就可以安稳入睡。但对许多人来说，失眠是一个严峻的问题。而对于他们，正如你很容易想到的那样，化学也可以提供很大的帮助。

自古以来，失眠问题似乎一直困扰着人类。而最早使用的药物是从植物中提取出来的。

缬草、春黄菊、曼陀罗和圣约翰草在古代就开始被使用了。希腊医生迪奥斯科里德（Dioscoride，约40—90）的《药物论》（*De materia medica*）以及罗马人老普林尼的《自然史》都指出了许多具有麻醉和精神作用的植物。现代化学已经在这些植物中发现了具有麻醉或放松特性的一些活性成分。比如缬草中的**缬草碱**（valerine）、**猕猴桃碱**（actinidine）、**缬草恰碱**（chatinine）和**α-吡咯酮**（alpha-pyrrylketone），春黄菊中的**红没药醇**（alpha-Bisabolol），曼陀罗中的**天仙子碱**（hyoscine）、**阿托品**（atropine）、**蔓果碱**（mandragorine）和**天仙子胺**

（hyoscyamine），以及圣约翰草中的**金丝桃素**（hypericin）和**贯叶金丝桃素**（hyperforine）。

古希腊人和埃及人也使用由各种罂粟（*Papaver somniferum*）制成的药水来帮助他们入眠。睡神修普诺斯的形象中经常会有罂粟花的出现。自苏美尔（Sumer）时代以来，鸦片（一种从罂粟中获得的神奇物质）的制备、使用和贸易一直很广泛，并延续至今。1805年，德国药剂师弗里德里希·威廉·亚当·塞特纳（Friedrich Wilhelm Adam Sertürner，1783—1841）从鸦片中分离出一种杂环有机酸，即**袂康酸**（meconic acid），他还对这种酸的特性进行了研究。紧接着他就成功地分离出了最初被称为"睡眠原理"的物质，后来被称为**吗啡**（Morphine）（图42），而这正好与希腊的梦神墨菲斯（Morpheus）联系起来〔从化学角度来分析它的性质的话，它就变成了5α, 6α-7,8-二脱氢-4,5-环氧-17-甲基吗啡-3,6-丙二醇（5α, 6α-7,8-Didehydro-4,5-epoxy-17-methyl-morphinan-3,6-diol）〕。

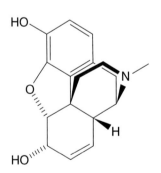

图42　吗啡的分子结构

1832年，德国化学家贾斯图斯·冯·李比希（Justus von Liebig，1803—1873）通过对乙醇的氯化处理合成了**氯醛**（chloral，2,2,2-三氯乙醛）。将氯醛与水反应，就得到了一种它的衍生物，称为**水合氯醛**（Chloral hydrate，2,2,2-三氯-1,1-乙二醇），这种物质具有强烈的催眠特性，广泛用于安眠药中。1857年，英国爵士查尔斯·洛科克（Charles Locock，1799—1875）发现了溴化钾（KBr）的镇静和抗惊厥作用，随后该物质就开始被广泛使用。

安眠药化学方面的研究从19世纪下半叶开始才有了巨大的突破。

1863年年底，德国化学家阿道夫·冯·拜尔（Adolf von Baeyer，1905年诺贝尔化学奖得主）通过将**丙二酸**（malonic acid）与**尿素**（urea）缩合，获得了**巴比妥酸**（Barbituric acid）〔据说这一发现可能是发生在12月4日的圣芭芭拉（Barbara）日那一天。因此，拜尔通过将芭芭拉与尿酸的名字结合起来创造了这种新物质的名字〕。图43所示为巴比妥酸的分子结构。

巴比妥酸是母体分子，所有被称为巴比妥类的精神活性药物都是由此而来。

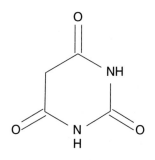

图43　巴比妥酸的分子结构

1903年，冯·拜尔的助手，也是他以前的学生赫尔曼·埃米尔·费歇尔（Hermann Emil Fischer，1902年的诺贝尔化学奖得主）在与生理学家、药理学家约瑟夫·冯·梅林（Baron Josef von Mering，1849—1908）男爵的合作之下，发现了一种有趣的巴比妥酸衍生物——5,5-二乙基巴比妥酸（5,5-diethylbarbituric acid），其分子结构见图44。它与巴比妥酸不同，具有催眠的作用。该产品最初被称为**巴比妥**（Barbital），后来被称为**佛罗拿**（Veronal）。据说佛罗拿这个名字是梅林自己想出来的，他当时刚刚访问了维罗纳市（Verona，位于意大利），以此向这个城市致以敬意。

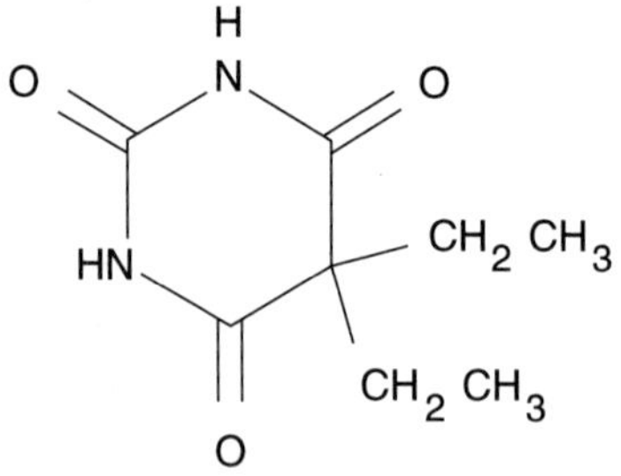

图44　5,5-二乙基巴比妥酸（巴比妥或佛罗拿）的分子结构

巴比妥酸有众多的衍生物，而佛罗拿只是其中的第一种。通过用其他取代基来代替佛罗拿分子中的两个乙基，可以制得一系列具有特殊药理性质的化合物，并且这些化合物的药效可以维持几分钟到几天不等。1919年，在拜耳公司工作的海因里希·胡尔林（Heinrich Hoerlein，1882—1954）用一个苯基取代佛罗拿分子中的一个乙基，得到了**苯巴比妥**（Phenobarbital），或称**鲁米那**

（Luminal，5-乙基-5-苯基巴比妥酸），它具有催眠、镇静和抗惊厥的作用。1923年，霍勒斯·肖纳（Horace Shonle）合成了**异戊巴比妥**（Amobarbital），或称**阿米妥**（Amytal，5-乙基-5-异戊基巴比妥酸），这是第一种被用作静脉麻醉剂的巴比妥类药物。

巴比妥类药物多年来一直被用于抗焦虑、催眠和抗惊厥药物中，并很快取代了以前广泛使用的溴化物或水合氯醛。它们副作用较轻，而且气味不大。充当神经系统镇静剂时，它们的使用范围可以从轻度镇静一直到全麻。但这类物质有一个严重的缺点，就是容易上瘾，高剂量下甚至可以致人死亡。因此，使用这类药物自杀的案例也并不少见（最著名的例子当然是玛丽莲·梦露）。

如今，由于新药物的出现，巴比妥类药物的使用已经大大减少，尽管它们仍然被用于麻醉和治疗癫痫，并且在部分国家还用于安乐死。

在取代巴比妥类药物的其他药物之中，肯定就有**苯二氮䓬类**（Benzodiazepine）药物（图45）。

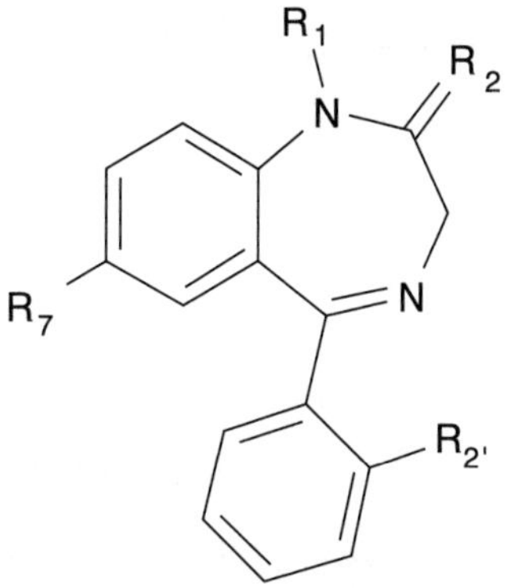

图45　苯二氮䓬类药物的化学结构

1955年，克罗地亚裔美国化学家里奥·亨利克·斯特恩巴赫（Leo Henryk Sternbach，1908—2005）意外合成了第一种属于这类化合物的分子——**氯氮䓬**（chlordiazepoxide，化学名为7-氯-2-甲氨基-5-苯基-3*H*-1,4-苯并二氮杂䓬-4-氧化物）。然后在1960年，罗氏制药公司（Hoffmann-La Roche）以商品名**利眠宁**（Librium）将其引入市场。事实证明，这种药物可以有效治疗焦虑症，并且至今仍在使用。三年后，罗氏公司开始生产并销售**地西泮**（Diazepam，化学名为7-氯-1-甲基-5-苯基-1,3-二氢-2*H*-1,4-苯并二氮杂䓬-2-酮）。该药也称**安定**（Valium），具有镇静、抗焦虑、抗惊厥和肌松弛作用，通常用于治疗焦虑、失眠和肌肉痉挛。在苯二氮䓬类药物中，它声名远扬。目前有许多药物属于苯二氮䓬类，其中主要有**劳拉西泮**（lorazepam，塔沃尔：Tavor）、**硝西泮**（Nitrazepam，莫加顿：Mogadon）、**替马西泮**（Temazepam，诺米森：Normison）、**氟硝西泮**（Flunitrazepam，罗眠乐：Rohypnol）和**溴西泮**（Bromazepam，立舒定：Lexotan）。

从化学角度来看，它们的共同点是分子中都存在一个苯环（有6个碳原子，呈六边形）和一个苯并二氮䓬环。苯并二氮䓬环由7个原子组成，其中有5个碳原子和2个氮原子，在第5号位置上连接的是一个苯基。

苯二氮䓬类药物根据其化学结构和药理作用的持续时间来分类，但这种分类方式相当复杂。

由于容易获得，且每一种分子都有特定的治疗指征，并且副作用轻，因此苯二氮䓬类药物非常受欢迎，迅速取代了之前的巴比妥类药物。

在20世纪90年代，药品市场上出现了所谓的**Z类药物**〔包括**唑吡坦**（Zolpidem）和**佐匹克隆**（Zoplicone）〕。这类药物属于**咪唑并吡啶类药物**（imidazopyridine），它们规避了苯二氮䓬类药物的一些禁忌证，能诱导出更自然的睡眠。

甚至在最近，还出现了吡唑并嘧啶类药物（pyrazolpyrimidine），它们似乎具有能够长期服用的优点。最后，即使是我们前面提到过的褪黑素，似乎也能够在恢复受试者被扰乱的正常的睡眠－觉醒周期中发挥有效作用。

● 美梦和致幻剂

当你在睡觉的时候，你的大脑并不是完全静息的，最明显的证据就是你在早上经常会记得晚上做过的梦。

梦是睡眠期间大脑活动的产物。它们主要发生在称为快速眼动睡眠（REM，Rapid Eye Movements）的阶段。在做梦期间，神经元受到强烈的电活动的影响，在我们的头脑中产生图像、声音、思想和情感。

自古以来梦境就引起了人们的兴趣，原因显而易见，因为我们一生中大约有三分之一的时间是在睡眠中度过的，而且据估计，睡眠中大约有四分之一的时间被梦境所占据。因此，在我们的一生中，我们会做大约五万个小时——也就是大约六年时间的梦。为了了解我们做梦的原因，人们已经提出了很多种设想，但每种理论都不攻自破。还是那样，当涉及大脑的问题时，我们仍需要不断地汲取知识。但是，化学可以再次帮助你了解所发生的事。

根据哈佛大学医学院的美国精神病学家约翰·艾伦·霍布森[9]（John Allan Hobson，生于1933年）的说法，梦出现在脑干中，即位于大脑底部的神经轴部分。这部分有两种类型的神经元，它们传递信息利用的是不同的神经递质。第一种类型的神经元利用的是**乙酰胆碱**（acetylcholine，2-乙酰氧基-N,N,N-三甲基乙胺），这种分子最初由英国神经学家亨利·哈莱特·戴尔（Henry Hallett Dale，1875—1968）于1914年发现其在快速眼动睡眠期间活跃。第二类神经元利用的是我们已经提到过的**去甲肾上腺素**和**血清素**，在快速眼动睡眠期间不活跃。

乙酰胆碱引起神经元的兴奋，使其向大脑皮层发送快速连续的电脉冲。大脑皮层是视觉发生区和进化思维的所在地，它在已有的记忆基础上对这些信息进行解释，并构建一个连贯的故事。通过这种方式，我们的梦就诞生了。海伦·巴格多扬（Helen A. Baghdoyan）进行的一些实验证实了这一假设。在这些实验中，将一种类似于乙酰胆碱的物质注入猫的大脑，几分钟后猫就陷入了深深的快速眼动睡眠状态，并保持这个状态几个小时。加利福尼亚大学圣地亚哥分校（University of California, San Diego）的克里斯蒂安·吉林（J. Christian Gillin）在志愿者身上进行了类似的实验。服用类似乙酰胆碱的药物可以诱发快速眼动睡眠，在此期间，志愿者们经历的梦境与他们的自发性梦境非常相似。相反，乙酰胆碱抑制剂可以消除快速眼动睡眠。

如果我们认为某些物质可能会对我们的思想产生影响，那么对做梦可能也与化学物质有关的看法就不应感到惊讶。致幻剂作用于中枢神经系统的受体，可以使我们的感官知觉发生很大的变化，使我们感觉到真实的体验，而这些体验实际上只是由我们的大脑虚构出来的。

　　自古以来，人类就在使用致幻剂了。一些植物就具有致幻的作用，人类可能是在收集植物作为食物时偶然发现了它们。这些植物给食用者带来的独特的感官体验，很快就具有了神秘莫测的宗教性质。正因如此，这些物质也被称为**宗教致幻剂**（enteogeno）。这个词来源于希腊语ἔνθεος（éntheos，意为"内在的神，受启发，受支配"）和γενέσθαι（genésthai，意为"产生"），因此字面意思是"在体内创造了神"。古往今来，在宗教、魔法和萨满教仪式中使用致幻剂的行为并非偶然。历史和考古证据表明，在史前时代，埃及、希腊、玛雅（Maya）、印加（Inca）和阿兹特克（Aztec）等文明中都有致幻剂的使用。甚至今天的一些群体仍然会在仪式上使用它们。除了仪式用途，我们都知道致幻剂会引起什么社会问题，甚至在今天它们仍屡禁不止。

　　致幻剂具有独特的性质，能与存在于我们大脑中的正常神经递质（如乙酰胆碱、肾上腺素、组胺和血清素）相互作用，改变它们的正常功能。幻觉剂产生的影响包括有视幻觉，视幻觉可以代替或者干扰正常的知觉，使我们失去对自己身体的觉察（**本体感觉**），并因此产生飘然欲仙的感觉。同时，情绪异常起伏，感受到极致的悲欢。从化学角度来看，许多致幻剂都属于**生物碱**（alkaloid）类别。这是一类种类多样的物质，它们的共同点是都含有使分子具有碱性或碱性特征的氨基（因此得名）。

　　在植物、真菌，有时甚至是在动物（例如蟾蜍）中可以找到许多生物碱的存在。一些生物碱还可以通过加工天然生物碱或直接合成而得到。

在通过加工天然物质而获得的致幻剂中，最著名的当然是LSD致幻剂。"LSD"是该化合物的德文（Lysergesäurediethylamid）的简写，Lysergesäurediethylamid就是**麦角酰二乙胺**（Lysergic acid diethylamide）。它的完整化学名称更为复杂——（6aR, 9R）-*N*, *N*-二乙基-7-甲基-4,6,6a,7,8,9-六氢吲哚-(4,3-fg)喹啉9-甲酰胺，其分子结构如图46所示。

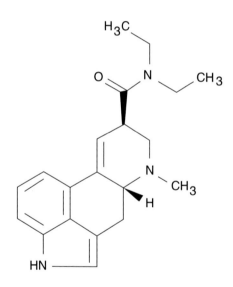

图46　致幻剂LSD的分子结构

1938年11月16日，在巴塞尔（Basel）的山德士（Sandoz）实验室首次制得了LSD，合成它的是瑞士的化学家阿尔伯特·霍夫曼（Albert Hofmann，1906—2008）。霍夫曼长期以来一直在研究麦角酸（lysergic acid），这是由黑麦的一种寄生真菌——**麦角菌**（Claviceps purpurea）产生的一种物质。被这种真菌感染的黑麦被称为麦角黑麦，因为它有刺状或角状凸起。食用被感染的黑麦会产生严重的中毒症状，称为**麦角中毒**（ergotism）〔"麦角"（ergot）一词来源于法语，意为"马刺"〕。除其他破坏性影响外，麦角中毒还会使人产生幻觉，在过去，被感染的黑麦也被用于堕胎。5年来，霍夫曼一直没太在意他合成的这个新物质，但在1943年4月16日，有少量的这种物质溅到了他的手上后，他感到异常的躁动和眩晕。正如他自己所写的那样：

> 下午时分，我被迫中断了工作，因为我感到相当的不安和轻微的头晕。我躺在家里，陷入了一种并不难受的醉酒状态……闭上眼睛，我看到了一连串奇妙的画面，它们具有不一般的形状，以及强烈的、万花筒般的色彩。几个小时后，这一切都消失了[10]。

LSD的这些作用引起了他的研究兴趣，他在4月19日自愿服用了250微克的LSD。40分钟后，他经历了一些不寻常的体验。LSD的效果影响在一系列的实验中得到了进一步的研究。

1947年，第一篇关于LSD[11]的科学文章发表。在短时间内，国际科学界就对这种新物质表现出了极大的兴趣，在1950年至1960年，关于LSD性质的研究和出版物数量惊人。LSD的名气很快就超出了科学领域，它的使用成为了解放、反叛和违法的象征，尤其是在另类和嬉皮文化中更加盛行。1966年，曾因使用LSD而被解雇的大学教授蒂莫西·李里（Timothy Leary）甚至成立了"心灵发现同盟"，这是一个真正的宗教，吸食LSD是他们最高的圣礼。

你的大脑和调节它的化学成分继续使你保持安稳的睡眠。此刻你还在做着美梦，而它可能是由乙酰胆碱刺激你的神经元而创造的。

睡眠会降低你对周围环境刺激的敏感度，但根据一个普遍接受的定义，这是一种容易逆转的状态。现在已经到早上了，你很快就会自己意识到这一点。现在是早上6点30分，姨妈给你的那只讨厌的闹钟，又再次无情地履行着它每天的职责：哔哔，哔哔，哔哔……是时候该起床了，充满化学知识的新的一天在等着你呢。

拓展：化学与生活

世界上的所有事物，无论是有生命的还是无生命的，都可以用3个基本的物理参数来描述：物质、能量和信息[12]。

生命现象一直使人着迷，当然它也是现实中最复杂的现象之一。我们人类本身就是一种生命形式，而我们的大脑只是其表现形式之一，这就不可避免地在我们试图理解它时产生了某种循环性。因此，生命现象总是被以神奇和超验的术语来解释。但这种形式的解释只是表面上的，因为实际上它们根本没有解释任何东西，只是通过假设有形而上学因素的干预，来阻挡了我们的疑思和好奇心。但是，我们从"形而上学"的定义中是完全了解不到任何东西的。因此，现代科学对生命的研究方法完全类似于它对任何其他现象的研究方法，这种方法必然是唯物主义和还原主义的。这种方法已经充分证明了（并仍在不断地证明）其有效性。尽管还有很多需要解释的地方，但今天的人们已经理解了生命中许多看起来神秘和不可解释的现象。而在这一点上，化学屡屡做出了非常有益的贡献。

在第三章第2节中，我们已经看到"现代化学之父"安托万·洛朗·拉瓦锡为早期生物化学的研究做出了第一个重要的贡献，对呼吸现象及其与燃烧的相似性以及金属的氧化做出了正确的解释。在拉瓦锡之前，并不缺乏用科学方法来研究生命的尝试。例如，伊斯特拉（Istra）医生桑托里奥·桑托里奥（Santorio Santorio，1561—1636）建造了一个巧妙的装置，人可以坐在桌前，一边吃饭，一边称重。在大约30年的时间里，桑托里奥准确地测量了食物的摄入量和身体的排泄量。1614年，他在其著作《医学统计方法》（*De statica medicina*）中发表了他的研究结果。此外，他也是第一个使用温度计来测量体温的人。

化学的跃迁式发展使人们逐渐了解到，生命本身就是基于化学过程的，我们地球上所知的生命基本元素就是碳。除此之外，在生物中我们还发现了氢、氧和氮。这4种元素约占生物体质量的96%。有机分子是生命存在所必需的，而要获得这些分子，至少其中比较简单的分子，是相对容易的。

哈罗德·克莱顿·尤里（Harold Clayton Urey，1893—1981）是一位美国化学家，曾因发现氘（氢的一种同位素）而获得了

1934年的诺贝尔化学奖。20世纪50年代，一名化学系的学生（后来成为教授）斯坦利·劳埃德·米勒（Stanley Lloyd Miller，1930—2007）在尤里的指导下进行了一项著名的实验（米勒模拟实验）。为了模拟地球原始大气的组成，米勒将氨气、甲烷、氢气和水一起装进一个无菌容器。为了重现可能会影响大气的闪电，他利用两个连接到高压发生器的电极来产生强烈的放电，以此来模拟现实中的闪电，同时还加热烧瓶中的水以产生蒸气。就这样操作了大约一周之后，米勒打开了容器，并分析里面的物质，确认了许多有机化合物的生成，其中就包括许多氨基酸（蛋白质的前体）[13]。由此，俄罗斯化学家亚历山大·伊万诺维奇·欧帕林（Aleksandr Ivanovič Oparin，1894—1980）和英国生物学家约翰·伯顿·桑德森·霍尔丹（John Burdon Sanderson Haldane，1892—1964）先前在20世纪20年代提出的假设得到了证实。

1961年，西班牙生物化学家琼·奥罗（Joan Oró，1923—2004）展示了如何利用水溶液中的氨和氢氰酸来合成核苷酸碱基——腺嘌呤和嘌呤（核酸的成分）以及各种氨基酸[14]。最近的一项研究还展示了将尿素溶液在有甲烷和氮气的还原气氛中进行冻融循环，并以放电作为能源，导致含氮碱基（**腺嘌呤、胞嘧啶、尿嘧啶和s-三嗪**）的形成[15]。

几年前，有其他研究人员重做了米勒的研究，用更现代、更灵敏的分析仪器分析了他的一些样品。这些样品涉及的实验还包括对可能发生的火山爆炸释放的气体（如硫化氢）进行的模拟。通过现代分析，确定了存在其他氨基酸和其他具有生物学意义的物质[16]。

米勒的实验引发了很多讨论，甚至是一些批评。有些人认为，实验中并没有完全重现原始大气的条件。此外，实验获得的氨基酸是L型对映体和D型对映体的混合物（外消旋混合物）。但在自然界中，L型氨基酸占主导地位（见第一章第3节拓展：立体化学）。尽管已经提出了多种假设，但对于为什么L型对映体更为普遍尚无确切的解释。事实是，米勒的实验表明，即使是复杂有机分子也能由简单的分子自然形成，而所有这些都是在一个星期内完成的。当然有机分子还不意味着生命。

要准确地定义什么是生命并不容易，但研究人员现在似乎达成共识：要想有生命，就必须获得能够自我复制的有机分子。正如英国生物学家理查德·道金斯（Richard Dawkins，生于1941年）所写：

事实上，一个能自我复制的分子并不像第一眼看上去那么难以想象，而且它只形成一次就足够了。让我们把复制体想象成一个模具或模板；再把它想象成一个由许多不同类型的小分子（这是它的基本构建模块）形成的大分子，它们连接起来形成一个长而复杂的链条。这些小的构建模块在复制体所浸泡的溶液中大量存在。现在我们假设每个模块对与其相似的分子具有亲和力。当溶液中的模块碰巧靠近跟它有亲和力的复制体的某个部位时，它就会倾向于附着在它身上。以这种方式连接的构建模块会自动按照复制体的顺序排列[17]。

正如我们所知，生命赖以存在的复制分子是核酸DNA和RNA。物理学家埃尔温·薛定谔（Erwin Schrödinger，1887—1961）预测到了这种分子的存在，在他1944年的重要著作《生命是什么？》（*What Is Life?*）[18]中，他谈到了**非周期性晶体**，即具有非重复性结构、足够稳定并能够包含信息的大分子。

1869年，瑞士生物化学家弗雷德里希·米歇尔（Friedrich Miescher，1844—1895）首次发现了他称之为**"核素"**（nuclein）的化学物质，也就是后来的DNA。

1919年，立陶宛（Lithuania）生物化学家菲巴斯·利文（Phoebus Levene，1869—1940）确定了由含氮碱基、糖和磷酸盐组成的核苷酸结构，并提出DNA是由一条通过磷酸盐结合在一起的核苷酸组成。1937年，英国物理学家威廉·阿斯特伯里（William Astbury，1898—1961）展示了第一个X射线衍射研究的结果，表明DNA具有极其规则的结构。

1953年，在经常被人们遗忘的英国化学家和物理学家罗莎琳德·富兰克林的重要贡献的基础上，美国生物学家詹姆斯·杜威·沃森和英国物理学家弗朗西斯·克里克在《自然》（*Nature*）[19]杂志上发表文章，提出了著名的DNA双螺旋结构的分子模型，该模型至今仍被认可。克里克和沃森与同样为DNA的结构研究做出了贡献的新西兰生物学家莫里斯·休·弗雷德里克·威尔金斯一起，获得了1962年的诺贝尔生理或医学奖。可惜富兰克林在1958年死于癌症，她患癌的原因可能是受到X射线的辐射。

随后的研究让人们了解到遗传信息就包含在DNA中。它可以将遗传信息转录给RNA进行自我复制，而RNA又通过将信息翻译成决定蛋白质合成的氨基酸序列来进一步传递遗传信息。

　　几年前，拉霍亚（La Joya，位于加利福尼亚）斯克里普斯研究所（Scripps Research）的一个研究小组，在生物化学家杰拉德·弗朗西斯·乔伊斯（Gerald Francis Joyce，生于1956年）的领导下，在实验室中重建了能够自我复制的RNA分子，从而产生了能够合成其他蛋白质的酶[20]。一个能够自我复制的合成蛋白质首次被制备出来。这是一个极其重要的成果，尽管这还只是初步的研究。因为正如乔伊斯本人所说："生命是一个能够自我维持和经历达尔文式进化的化学系统。"

　　生命出现在40亿年至3.8亿年前的地球上[21]。人类的起源则要晚得多，也仅仅是在几年前，人们才开始有效地研究什么是生命以及生命从哪儿诞生。虽然仍有许多问题有待解决，但我们所走的路绝对是正确的，在短短几年内就可以迈出这令人难以置信的步伐就证明了这一点。正如我们在本节开头已经提到过的物理学家和遗传学家爱德华多·邦奇内利（Edoardo Boncinelli，生于1941年）在一次采访中所说的[22]：

　　　　有机生命没有什么神圣或神奇之处。一个生命体是受时间和空间限制的，有一定质量的物质，其特点就是自身的进化。但它也是能量、信息和物质的持续流动——这是30年前还不清楚的新概念。我们是信息，而且是有序的信息。生命首先是秩序。而在世界各地的所有生物，都属于一个唯一的舞蹈，一个唯一的火焰，一个唯一的事件的一部分。

结 尾

我们已经结束了充满化学的漫长的一天。正如我在序言中说过的那样，我对主题的选择是非常随意的，我本来也可以选择我们在日常生活中遇到的许多其他的主题。除了我已经做出的选择，我只希望我已经成功地提出了一个概念，那就是：化学是一种常见的东西，是我们经常遇到的东西，如果没有化学，我们的生活将变得非常贫乏。事实上，没有化学是不可能的。我希望这可以帮助我们减少广泛存在的化学恐惧症，哪怕只是轻微的缓解。

我们可以似是而非地说：如果没有化学，化学恐惧症本身就不会存在。若是不存在化学恐惧症，这并不是因为恐惧症的对象（化学本身）会消失，而是因为恐惧症本身会消失。实际上，人的恐惧感本身也具有化学来源。因此，在一个奇怪的恶性循环中，对化学的恐惧也将不可避免地具有化学起源。

几年前，来自美国亚特兰大（Atlanta）埃默里大学（Emory University）的两位研究人员发表了一篇文章[1]，文中指出，一种称为β-联蛋白（β-catenin）的特殊蛋白质在恐惧的产生中起着重要作用。β-联蛋白在胚胎发育中起着关键作用，但据研究人员称，它也负责留存我们恐惧经历的记忆。研究表明，通过让小鼠产生恐惧，可以观察到在小鼠的杏仁核（amygdala，大脑管理情绪和恐惧的部分）中，负责合成β-联蛋白和磷酸化β-联蛋白的mRNA（信使RNA）的水平会有所上升。作为反证，研究人员阻止了某些小鼠体内β-联蛋白的生成，并观察到这些小鼠并没有保留以前的恐惧记忆。这些研究结果可以为新的药物开发奠定基础。在恐惧发生后，肾上腺素会让我们产生典型的生理反应。它是一种激素，也是一种神经递质，主要由肾上腺产生。当我们遇到危险时，肾上腺素就会被分泌并释放到血液中，导致心率加快，血管和支气管扩张。因此，身体的物理性能提高，机体的反应能力也有所改善，使其在转瞬间做好了所谓的"攻击或逃跑"的准备。这是生物进化过程中产生的一种促进个体生存的复杂化学机制。

　　那些有化学恐惧症的人应该认真思考这些事情。他们会意识到，化学物质可以产生恐惧，但它也可以作为保护自己免受危险的工具。如果这在生理层面是真的，那么在社会层面也同样是真的。首先，我们要理解的是，代表危险的不是化学本身，而是可能的对化学的不当使用（当然，这适用于任何事物）。其次，应该明白，要保护自己免受化学药品不当使用所带来的风险，人们必然要求助于化学本身和那些了解化学的人，当然不能求助于那些对化学一无所知、只想以意识形态方式诋毁化学的人。化学家们已经警示了许多关于自然环境和人体健康方面的问题，并且他们也为解决这些问题提供了有用的建议。但遗憾的是，那些必须做出公共决定的领导人并不总是对来自科学界的建言给予必要的关注。

早在1851年，前面提到过的德国化学家贾斯图斯·冯·李比希就意识到政治家尤其需要拥有科学素养，他是这样表述的：

> 如果没有化学知识，政治家就必须对自身进行有机发展和改进，并与国家的真正切身利益保持疏远，……，一个国家的最高经济或物质利益，最重大和最有效的人类和动物食品的生产，……，与自然科学，特别是化学的进步和传播密切相关[2]。

这些话在今天一样有意义，不幸的是，我们从来都不缺少政治阶层对科学的无知和疏忽的例子。典型的是一个关于石棉的例子。自20世纪30年代以来，科学界就已经确定了石棉这种材料的危险性，人们患胸膜间皮瘤也是因为这种物质（第一份关于接触石棉的工人的肺纤维化病例的正式报告可追溯到1906年[3]）。但直至1992年4月13日，意大利才在官方公报（第257号法律）上公布了关于禁止生产和加工石棉的法律。另外，对假想危险的过度恐慌情绪在不断蔓延，尽管科学界从未证实其真实性。而更糟糕的是，一些政治决策者通过提出完全无意义的立法措施，放任这些危言耸听的人。

在前文中，我无意再纠缠这些问题，因为我已经在其他地方处理过这些问题了[4]，而且还有其他出版物也理性地、果断地处理了这些问题[5]。在本书中，我只是想让大家更好地了解什么是化学，以及它是如何介入到我们日常生活中的。

我衷心希望那些有耐心支持我的人，在听到"化学"时，不会立即想到环境灾难、污染、毒药和有害气体。相反，我希望你们把化学视为理解自然的基本科学之一，化学一直伴随着人类的进步在飞跃式发展，其背后的历史英勇而辉煌，在人类的生死存亡关头，熠熠生辉。

注 释

前言 现实与传说：崇高的自然科学如何被妖魔化

1. 视频可在Youtube上观看：http://www.youtube.com/watch?v=
awsSSoVr74s.

2. http://bressanini-lescienze.blogautore.espresso.repubblica.
it/2011/11/14/zero-chimica-100-naturale-si-come-no/.

3. L. Caglioti, *I due volti della chimica. Benefici e rischi*,
Mondadori, Milano 1979.

4. D. Mac Kinnon, *Chemophobia*, in "Chemical & Engineering
News", 59, 1981, 29, p. 5.

5. *Special Eurobarometer 360. Consumer understanding of labels
and the safe use of chemicals*, Report, maggio 2011. 此网址可下载
PDF:http://ec.europa.eu/public_opinion/archives/ebs/ebs_360_en.pdf.

6. R. Carson, *Primavera silenziosa*, Feltrinelli, Milano 1963.

7. 由于发现了滴滴涕的杀虫特性，瑞士化学家保罗·赫尔曼·穆勒（Paul Hermann Müller，1899—1965）于1948年被授予诺贝尔医学奖。

8. 禁用滴滴涕使全球多个地区重新流行疟疾。

9. J. Gordon Edwards, *DDT: A Case Study in Scientific Fraud*, in "Journal of American Physicians and Surgeons", 9 , 2004, 3, pp. 83−88.

10. G. S. Hammond, *Three faces of chemistry*, in "Chemtech", marzo 1987, pp. 140−143.

11. P. Levi, *Prefazione* a Caglioti, *I due volti della chimica*, cit.

12. P. J. Macquer, *Dictionnaire de chymie* (1766), citato in A. Di Meo, *Il chimico e l'alchimista*, Editori Riuniti, Roma 1981.

13. M. Faraday, *Storia chimica di una candela*, Treves, Roma 2009. 法拉第在皇家学会所做的前两次演讲的文本可在下面这个网址找到：http://www.itis.arezzo.it/index.php?option=com_content&view=article&id=297:michael-faraday-qla-storia-chimica-di-una-candela-q&catid=85:storiachimi ca&Itemid=98.

第一章 早 晨

1. Per approfondimenti cfr. C. Kittel, *Introduzione alla fisica dello stato solido*, Casa Editrice Ambrosiana, Milano 2008, e F. Bassani, U. Grassano, *Fisica dello stato solido*, Bollati Boringhieri, Torino 2000.

2. Per approfondimenti cfr. P. G. De Gennes, J. Prost, *The Physics of Liquid Crystals*, Oxford Science, Oxford 1993, P. J. Collings, M. Hird, *Introduction to Liquid Crystals*, Taylor & Francis, London 1997 e V. Domenici, *L'affascinante mondo dei cristalli liquidi*, disponibile in pdf: http://ulisse.sissa.it/biblioteca/saggio/2005/ Ubib050401s003.

3. J. Perrin, *Gli atomi*, Editori Riuniti, Roma 1981.

4. S. Califano, *Storia della chimica*, Bollati Boringhieri, Torino 2010 e M. Ciardi, *Breve storia delle teorie della materia*, Carocci, Roma 2008.

5. 1809年，盖-吕萨克成为巴黎综合理工学院的教授，后来又在索邦大学担任教授。

6. M. Ciardi, *Amedeo Avogadro. Una politica per la scienza*, Carocci, Roma 2006.

7. G. Vollmer, M. Franz, *La chimica di tutti i giorni. Un prontuario guida per imparare a conoscere e consumare i mille prodotti di uso quotidiano*, Zanichelli, Bologna 1990.

8. N. H. de Leeuw, *Resisting the Onset of Hydroxyapatite Dissolution through the Incorporation of Fluoride*, in "Journal of Physical Chemistry", 108, 2004, 6, pp. 1809–1811.

9. Per approfondimenti cfr. F. R. Young, *Bolle, gocce, schiume*, Raffaello Cortina, Mi lano 2012.

10. D. Weaire, R. Phelan, *A counter-example to Kelvin's conjecture on minimal surfaces*, in "Philosophical Magazine Letters", 1994, 69, pp. 107–110.

11. R. Gabbrielli et al., *An experimental realization of the Weaire-Phelan structure in monodisperse liquid foam*, in "Philosophical Magazine Letters", 2012, 92, pp. 1-6.

12. 《分子进化论》于1873年10月2日首次发表在《自然》杂志上。后来，刘易斯·坎贝尔在麦克斯韦死后的第三年，将《分子进化论》这一文章转载到了他写的麦克斯韦传记《詹姆斯·克拉克·麦克斯韦的生活，包括他的书信和偶尔的著作中的选段，以及他对科学的贡献简述》中。该作品可能是为1873年9月英国协会的布拉德福德会议写的。

13. 下面是两部有关化学键问题的经典文献：

① L. Pauling, *La natura del legame chimico*, FrancoAngeli, Milano 2011 e C. A. Coulson, *La valenza*, Zanichelli, Bologna 1955;

② Per ulteriori approfondimenti cfr. anche P. Atkins, G. De Paula, *Chimica fisica*, Zanichelli, Bologna 2004.

14. 半数致死量，指能够导致至少50%实验对象死亡所需要的药物剂量。

15. Cfr. *Caffè: vantaggi, rischi o accontentarsi che piaccia? e Caffè: davvero meno rischi col decaffeinato?*, in G. Dobrilla, *Medicina e dintorni 2*, Edizioni La Comune, Bolzano 2012.

16. M. Lorenz et al., *Addition of milk prevents vascular protective effects of tea*, in "European Heart Journal", 28, 2007, 2, pp. 219-223.

17. C. B. Field et al., *Primary Production of the Biosphere: Integrating Terrestrial and Oceanic Components*, in "Science", 281,

1998, 5374, pp. 237–240.

18. P. H. S. Kwakman et al., *How honey kills bacteria*, in "The FASEB (Federation of American Societies for Experimental Biology) Journal", 2010, 24, pp. 2576–2582.

19. G. Natta, M. Farina, *Stereochimica. Molecole in 3D*, Mondadori, Milano 1968.

20. 实际上，即使是体内"无害"的对映异构体也可以转化为另一种，从而表现出致畸性。

21. H. C. Van de Hulst, *Light Scattering by Small Particles*, Wiley, New York 1957.

22. ABS防抱死制动系统、ESP车身稳定控制系统、TCS牵引力控制系统。

23. Citato in P.H. Giddens, *The Birth of the Oil Industry*, MacMillan, NewYork 1938.

24. 在工业化学中，对初级、二级和精细化学进行了区分。初级化学是基础工业部门，从原材料（矿物、石油等）开始，生产相对简单的产品。二级化学对初级化学的产品进行加工，以获得更复杂的化合物（染料、农药等）。精细化学生产的物质更加精细，具有高附加值，如表面活性剂、食品添加剂、药品、黏合剂等。

25. B. Newhall, *Storia della fotografia*, Einaudi, Torino 1997.

26. 引线框架：用作芯片封装，用金属线向外延伸与外部连接。

27. V. Kandinskij, *Lo spirituale nell'arte*, SE, Milano 2005.

28. 以下是一些从化学角度来解释颜色问题的书籍：

① P. Ball, Colore. *Una biografia. Tra arte storia e chimica, la bellezza e i misteri del mondo del colore*, Rizzoli, Milano 2004;

② A. Zecchina, *Alchimie nell'arte. La chimica e l'evoluzione della pittura*, Zanichelli, Bologna 2012;

③ S. Garfield, *Il malva di Perkin. Storia del colore che ha cambiato il mondo*, Garzanti, Milano 2002.

第二章　午　餐

1. 可以在Dario Bressanini的博客中找到许多有关化学和烹饪的信息：http://pentoleeprovette.blogspot.it/ e http://bressanini-lescienze. blogautore.espresso.repubblica.it/. Cfr. anche, dello stesso Bressanini, i due libri Pane e bugie, Chiarelettere, Milano 2010 e Le bugie nel carrello. Le leggende e i trucchi del marketing sul cibo che compriamo, Chiarelettere, Milano 2013. Cfr. infine H. This, Pentole & provette. Nuovi orizzonti della gastronomia molecolare, Gambero Rosso, Roma 2003.

2. http://www.leonardodicarlo.com/public/ingredienti_ita/Farina. pdf.

3. J. Emsley, *Molecole in mostra. La chimica nascosta nella vita quotidiana*, Dedalo, Bari 2011.

4. C. K. Tinkler, M. C. Soar, *The Formation of Ferrous Sulphide in Eggs during Cooking*, in "Biochem Journal", 14, 1920, 2, pp. 114–119.

5. P. Levi, *Il sistema periodico*, Einaudi, Torino 1975.

6. 富勒烯是由碳原子组成的分子，其形状类似于空心球，椭圆形或管状。其名字来源于理查德·巴克敏斯特·富勒（Richard Buckminster Fuller，1895—1983），他是一位建筑师，设计了具有类似于富勒烯分子结构的测地穹顶。

7. W. Brown, T. Poon, *Introduzione alla chimica organica*, Edises, Napoli 2011 e J. Smith Gorzinski, *Chimica organica*, McGraw-Hill, Milano 2007.

8. T. W. Graham Solomons, *Chimica organica*, 2^a ed., Zanichelli, Bologna 2001.

第三章 下 午

1. G. Dobrilla, *Alla mia pancia ci penso io! Come affrontare e risolvere i disturbi gastrointestinali più comuni*, FrancoAngeli, Milano 2013.

2. P. Ball, H$_2$O. *Una biografia dell'acqua*, Rizzoli, Milano 2000.

3. G. Temporelli, *L'acqua che beviamo. Un viaggio nel mondo delle acque, naturali e trattate, destinate all'alimentazione e alla terapia*, Franco Muzzio Editore, Padova 2003.

4. G. Kortum, *Trattato di elettrochimica*, Piccin-Nuova Libraria, Padova 1968.

5. P. W. Atkins, *Le regole del gioco. Come la termodinamica fa funzionare l'universo*, Zanichelli, Bologna 2010.

6. K. Denbigh, *I principi dell'equilibrio chimico*, Casa Editrice Ambrosiana, Milano 1977.

7. 想要进一步了解炼金术，可参考T. Burckhardt, *Alchimia: significato e visione del mondo*, Guanda, Parma 1991.

8. Per una storia della chimica, cfr. J. Solov'ev, *L'evoluzione del pensiero chimico dal' 600 ai giorni nostri*, Mondadori, Milano 1976; M. Ciardi, *Breve storia delle teorie della materia*, Carocci, Roma 2008; S. Califano, *Storia della chimica*, Bollati Boringhieri, Torino 2010.

9. 关于拉瓦锡生活和工作的故事，可参考M. Beretta, *Lavoisier: la rivoluzione chimica*, Le Scienze, Milano 1998.

10. 这句话是瑞典皇家科学院的一名成员在1963年12月12日向居里奥·纳塔颁发诺贝尔化学奖时宣读的。

11. M. Guaita, F. Ciardelli, F. La Mantia, *Fondamenti di scienza dei polimeri*, Nuova Cultura, Roma 2006 e S. Brueckner, *Scienza e tecnologia dei materiali polimerici*, Edises, Napoli 2007.

第四章　傍　晚

1. Cfr. il libro divulgativo di S. Kean, *Il cucchiaino scomparso e altre storie della tavola periodica degli elementi*, Adelphi, Milano 2012.

2. 在科学文献中，有一些关于这个问题的研究。下面是其中的几部著作：

① D. A. Ellis et al., *Thermolysis of fluoropolymers as a potential source of halogenated organic acids in the environment*, in "Nature", 412, 2001, 6844, pp. 321-324;

② C. R. Powley et al., *Determination of perfluorooctanoic acid (pfoa) extractable from the surface of commercial cookware under simulated cooking conditions by lc/ms/ms*, in "Analyst", 130, 2005, 9, pp. 1299-1302.

3. J. L. Kennedy et al., *The toxicology of perfluorooctanoate*, in "Critical reviews in toxicology", 34, 2004, 4, pp. 351-384; *SAB Review of EPA's Draft Risk Assessment of Potential Human Health Effects Associated with pfoa and Its Salts*, Draft Report, 20.1.2006 (Allegato 4).

4. Franco Battaglia e Gianni Fochi, comunicazione privata.

5. J. M. Fielding et al., *Increases in plasma lycopene concentration after consumption of tomatoes cooked with olive oil*, in "Asia Pacific Journal of Clinical Nutrition", 14, 2005, 2, pp. 131-136.

6. J. W. Gibbs, *Elementary Principles in Statistical Mechanics*, Scribner's Sons, New York 1902.

7. K. Denbigh, *I principi dell'equilibrio chimico*, Casa Editrice Ambrosiana, Milano 1977 e P. W. Atkins, *Le regole del gioco. Come la termodinamica fa funzionare l'universo*, Zanichelli, Bologna 2010.

8. P. Atkins, G. De Paula, *Chimica fisica*, Zanichelli, Bologna 2004 e R. Cervellati, *Lezioni di cinetica chimica sperimentale e interpretativa*, CompoMat, Configni (RI) 2011.

9. 最近关于专门研究烟火技术的实践方面的作品有以下几部:

① F. Di Maio, *Pirotecnia moderna*, Hoepli, Milano 1891;

② T. De Francesco, *Fuochi artificiali*, Lavagnolo, Torino 1960 (questi due volumi possono essere scaricati online all'indirizzo: http://www.earmi.it/download/libri/pirotec.htm);

③ P. Macchi, *Fuochi pirotecnici e artifizi da segnalazione*, Pirola, Milano 1984;

④ F. Nicassio, *Fuochi artificiali*, Levante Editore, Bari 1997.

英文版的关于烟花科学方面的作品推荐以下几部：

① J. H. Mc Lain, *Pyrotechnics from the Viewpoint of Solid State Chemistry*, The Franklin Institute Press, Philadelphia 1980;

② J. A. Conkling, *The Chemistry of Pyrotechnics*, Marcel Dekker, New York 1985;

③ T. Shimizu, Fireworks: *The Art, Science and Technique*, Pyrotechnica Publications, Austin 1988.

最后，我想介绍下面这篇文章，其中有许多信息都是来源于此：J. A. Conkling, *I fuochi d'artificio,* in "Le Scienze", 265, settembre 1990.

10. C. Flamigni, *Storia della contraccezione. Ignoranza, superstizione e cattiva scienza di fronte al problema del controllo delle nascite*, Dalai, Milano 2012.

11. E. Culotta, D. E. Koshland Jr, *NO news is good news (nitric oxide; includes infor-mation about other significant advances & discoveries of 1992) (Molecule of the Year)*, in "Science", 258, 1992, 5090, pp. 1862−1864.

12. Aulo Cornelio Celso (14 a.C. ca.−37 d.C. ca.), *De re medica.*

13. G. Dobrilla, *Le alternative. Guida critica alle cure non-*

convenzionali, Avverbi-Zadig, Grottaferrata (Roma) 2008.

第五章　晚　上

1. R. Legendre, H. Piéron, *Le problème des facteurs du sommeil: résultats d'injections vasculaires et intracérébrales de liquides insomniques*, in "Comptes Rendus Biologie", 1910, 68, pp. 1077–1079.

2. K. Ishimori, *True cause of sleep: a hypnogenic substance as evidenced in the brain of sleep-deprived animals*, in "Tokyo Igakkai Zasshi", 1909, 23, pp. 429–457.

3. M. Monnier, L. Hösli, *Dialysis of Sleep and Waking Factors in Blood of the Rabbit*, in "Science", 146, 1964, 3645, pp. 796–798.

4. δ睡眠是睡眠的一个阶段，此时人体的脑电图所呈现出的特殊波，称为δ波。

5. J. R. Pappenheimer, T. B. Miller, C. A. Goodrich, *Sleep-promoting effects of cerebrospinal fluid from sleep-deprived goats*, in "Proceedings of national academy of science u.s.a.", 58, 1967, 2, pp. 513–517.

6. H. J. Lynch et al., *Melatonin excretion of man and rats: Effect of time of day, sleep, pinealectomy and food consumption*, in "International Journal of Biometeorology", 19, 1975, 4, pp. 267–279.

7. L. I. Kiyashchenko et al., *Release of hypocretin (orexin) during waking and sleep states*, in "Journal of Neuroscience", 2002, 22, pp.

5282-5286.

8. A. M. Blouin et al., *Human hypocretin and melanin-concentrating hormone levels are linked to emotion and social interaction*, in "Nature Communications", 4, 2013, 1547.

9. J. A. Hobson, K. J. Friston, *Waking and dreaming consciousness: Neurobiological and functional considerations*, in "Progress in Neurobiology", 98, 2012, 1, pp. 82–98.

10. A. Hofmann, *LSD, il mio bambino difficile. Riflessione su droghe sacre, misticismo e scienza*, Apogeo, Milano 2005.

11. W. A. Stoll, *LSD, ein Phantastikum aus der Mutterkorngruppe*, in "Schweizer Archiv für Neurologie und Psychiatrie", 60, 1947, 279.

12. E. Boncinelli, *La scienza non ha bisogno di Dio*, Rizzoli, Milano 2012.

13. S. L. Miller, *Production of amino acids under possible primitive earth conditions*, in "Science", 117, 1953, 3046, pp. 528–529.

14. J. Oró, A. P. Kimball, *Synthesis of purines under possible primitive earth conditions. i. Adenine from hydrogen cyanide*, in "Archives of biochemistry and biophysics", 94, 1961, 2, pp. 217–227.

15. C. Menor-Salván et al., *Synthesis of pyrimidines and triazines in ice: implications for the prebiotic chemistry of nucleobases*, in "Chemistry", 15, 2007, 17, pp. 4411–4418.

16. E. T. Parker et al., *Primordial synthesis of amines and amino acids in a 1958 Miller H_2S-rich spark discharge experiment*, in "Proceedings of the National Academy of Sciences. usa", 2011, 108, pp. 5526–5531.

17. R. Dawkins, *Il gene egoista*, Mondadori, Milano 1995.

18. E. Schrödinger, *Che cos'è la vita? La cellula vivente dal punto di vista fisico*, Adelphi, Milano 1995.

19. J. D. Watson, F. H. C. Crick, *A structure for deoxyribose nucleic acid*, in "Nature", 1953, 171, pp. 737-738.

20. T. A. Lincoln, G. F. Joyce, *Self-sustained replication of an rna enzyme*, in "Science", 323, 2009, 5918, pp. 1229-1232.

21. Per una storia della Terra cfr. M. Ciardi, *Terra. Storia di un'idea*, Laterza, Roma-Bari 2013.

22. *Che cosa è la vita? Lunedì Edoardo Boncinelli ospite di Scuola Kedrion*, in "La Gazzetta del Serchio", 16 dicembre 2012.

结 尾

1. K. A. Maguschak, K. J. Ressler, *β-catenin is required for memory consolidation*, in "Nature Neuroscience", 2008, 11, pp. 1319-1326.

2. J. von Liebig, *Familiar Letters on Chemistry*, Taylor, Walton and Maberly, London 1851.

3. R.Murray, *Asbestos: A chronology of its origins and health effects*, in "British Journal of Industrial Medicine", 1990, 47, pp. 361-362 (trad. it. *Asbesto: una cronologia delle sue origini e dei suoi effetti sulla salute*, in "Medicina del Lavoro", 1991, 82, pp. 480-488).

4. S. Fuso, *I nemici della scienza. Fondamentalismi filosofici, religiosi e ambientalisti*, Dedalo, Bari 2009.

5. E. Bellone, *La scienza negata*, Codice, Torino 2005; A. Pascale, *Scienza e sentimento, Einaudi, Torino 2008; Id., Pane e pace*, Chiarelettere, Milano 2012; G. Corbellini, *Perché gli scienziati non sono pericolosi. Scienza, etica e politica*, Longanesi, Milano 2009; Id., *Scienza*, Bollati Boringhieri, Torino 2013; G. Fochi, *La chimica fa bene*, Giunti, Firenze 2012; D. Bressanini, *Pane e bugie*, Chiarelettere, Milano 2010 e Id., *Le bugie nel carrello. Le leggende e i trucchi del marketing sul cibo che compriamo*, Chiarelettere, Milano 2013.

参考文献

1. Aldersey Williams H., *Favole periodiche. Le vite avventurose degli elementi chimici*, Rizzoli, Milano 2011.

2. Asimov I., *Breve storia della chimica. Introduzione alle idee della chimica*, Zanichelli, Bologna 1990.

3. Atkins P. W., *Il regno periodico, Viaggio nel mondo degli elementi chimici*, Zanichelli, Bologna 2008.

4. Id., *Le regole del gioco. Come la termodinamica fa funzionare l'universo*, Zanichelli, Bologna 2010.

5. Id., *Molecole*, Zanichelli, Bologna 1992.

6. Atkins P. W., De Paula G., *Chimica fisica*, Zanichelli, Bologna 2004.

7. Atkins P. W., Jones l., *Principi di chimica*, Zanichelli, Bologna 2012.

8. Ball P., *Colore. Una biografia. Tra arte storia e chimica, la bellezza e i misteri del mondo del colore*, Rizzoli, Milano 2004.

9. Id., *H$_2$O. Una biografia dell'acqua*, Rizzoli, Milano 2000.

10. Balzani V., Venturi M., *Chimica! Leggere e scrivere il libro della natura*, Scienza Express, Trieste 2012.

11. Bassani F., Grassano U., *Fisica dello stato solido*, Bollati Boringhieri, Torino 2000.

12. Bellone E., *La scienza negata*, Codice, Torino 2005.

13. Beretta M., *Lavoisier: la rivoluzione chimica*, Le Scienze, Milano 1998.

14. Boncinelli E., *La scienza non ha bisogno di Dio*, Rizzoli, Milano 2012.

15. Id., *Vita*, Bollati Boringhieri, Torino 2013.

16. Bressanini D., *Le bugie nel carrello. Le leggende e i trucchi del marketing sul cibo che compriamo*, Chiarelettere, Milano 2013.

17. Id., *Pane e bugie*, Chiarelettere, Milano 2010.

18. Brown W., Poon T., *Introduzione alla chimica organica*, Edises, Napoli 2011.

19. Brueckner S., *Scienza e tecnologia dei materiali polimerici*, Edises, Napoli 2007.

20. Burckhardt T., *Alchimia: significato e visione del mondo*, Guanda, Parma 1991.

21. Caglioti L., *I due volti della chimica. Benefici e rischi*, Mondadori, Milano 1979.

22. Califano S., *Storia della chimica. i. Dai presocratici al xix secolo*, Bollati Boringhieri, Torino 2010.

23. Id., *Storia della chimica. ii. Dalla chimica fisica alle molecole della vita*, Bollati Boringhieri, Torino 2011.

24. Carson R., *Primavera silenziosa*, Feltrinelli, Milano 1963.

25. Cavaliere A., *H₂O. Chimica in versi*, Mursia, Milano 2010.

26. Ceruti L., *Bella e potente. La chimica del Novecento fra scienza e società*, Editori Riuniti, Roma 2003.

27. Cervellati R., *Lezioni di cinetica chimica sperimentale e interpretativa*, CompoMat, Configni (ri) 2011.

28. Ciardi M., *Amedeo Avogadro. Una politica per la scienza*, Carocci, Roma 2006.

29. Id., *Avogadro 1811. Essai d'une manière de déterminer les masses relatives des molécules élémentaires de corps*, Centro Studi Piemontesi, Torino 2011.

30. Id., *Breve storia delle teorie della materia*, Carocci, Roma 2008.

31. Id., *Reazioni tricolori. Aspetti della chimica italiana nell'età del Risorgimento*, FrancoAngeli, Milano 2010.

32. Id., *Terra. Storia di un'idea*, Laterza, Roma-Bari 2013.

33. Collings P. J., Hird M., *Introduction to Liquid Crystals*, Taylor & Francis, London 1997.

34. Conkling J. A., *The Chemistry of Pyrotechnics*, Marcel Dekker, New York 1985.

35. Corbellini G., *Perché gli scienziati non sono pericolosi. Scienza, etica e politica*, Longanesi, Milano 2009.

36. Id., *Scienza*, Bollati Boringhieri, Torino 2013.

37. Cottrell A. H., *Le moderne teorie della scienza dei metalli*, Patron, Bologna 1968.

38. Coulson C. A., *La valenza*, Zanichelli, Bologna 1955.

39. Dawkins R., *Il gene egoista*, Mondadori, Milano 1995.

40. De Francesco T., *Fuochi artificiali*, Lavagnolo, Torino 1960 (scaricabile online all'indirizzo: http://www.earmi.it/download/libri/pirotec.htm).

41. De Gennes P. G., Prost J., *The Physics of Liquid Crystals*, Oxford Science, Oxford 1993.

42. Denbigh K., *I principi dell'equilibrio chimico*, Casa Editrice Ambrosiana, Milano 1977.

43. Di Maio F., *Pirotecnia moderna*, Hoepli, Milano 1891 (scaricabile online all'indirizzo: http://www.earmi.it/download/libri/pirotec.htm).

44. Di Meo A., *Il chimico e l'alchimista*, Editori Riuniti, Roma 1981.

45. Dobrilla G., *Alla mia pancia ci penso io! Come affrontare e risolvere i disturbi gastrointestinali più comuni*, FrancoAngeli, Milano 2013.

46. Id., *Le alternative. Guida critica alle cure non convenzionali*, Avverbi-Zadig, Grottaferrata (Roma) 2008.

47. Id., *Medicina e dintorni 2*, Edizioni La Comune, Bolzano 2012.

48. Domenici V., *L'affascinante mondo dei cristalli liquidi* (scaricabile online all'indirizzo: http://ulisse.sissa.it/biblioteca/saggio/2005/Ubib050401s003).

49. Emsley J., *Molecole in mostra. La chimica nascosta nella vita quotidiana*, Dedalo, Bari 2011.

50. Faraday M., *Storia chimica di una candela*, Treves, Roma 2009.

51. Flamigni C., *Storia della contraccezione. Ignoranza, superstizione e cattiva scienza di fronte al problema del controllo delle nascite*, Dalai, Milano 2012.

52. Fochi G., *Il segreto della chimica*, Longanesi, Milano 1999.

53. Id., *La chimica fa bene*, Giunti, Firenze 2012.

54. Fuso S., *I nemici della scienza. Fondamentalismi filosofici, religiosi e ambientalisti*, Dedalo, Bari 2009.

55. Garattini S., *Fa bene o fa male? Salute, ricerca e farmaci: tutto quello che bisogna sapere*, Sperling & Kupfer, Milano 2013.

56. Garfield S., *Il malva di Perkin. Storia del colore che ha cambiato il mondo*, Garzanti, Milano 2002.

57. Gibbs J. W., *Elementary Principles in Statististical Mechanics*, Scribner's Sons, New York 1902.

58. Giddens P. H., *The Birth of the Oil Industry*, MacMillan, New York 1938.

59. Graham Solomons T. W., *Chimica organica, 2a ed*, Zanichelli, Bologna 2001.

60. Gray T., *Gli elementi. Alla scoperta degli atomi dell'universo*, Rizzoli, Milano 2011.

61. Guaita M., Ciardelli F., La Mantia F., *Fondamenti di scienza dei polimeri*, Nuova Cultura, Roma 2006.

62. Hanna M. W., *Chimica e meccanica quantistica*, Casa Editrice Ambrosiana, Milano 1974.

63. Hofmann A., *LSD, il mio bambino difficile. Riflessione su droghe sacre, misticismo e scienza*, Urra, Milano 2005.

64. Hoffman R., *Come pensa un chimico?*, Di Renzo, Roma 2009.

65. Id., *La chimica allo specchio*, Longanesi, Milano 2005.

66. Howland R. D., Mycek M. J., *Le basi della farmacologia*, Zanichelli, Bologna 2007.

67. Joussot-Dubien C., Rabbe C., *Tutto è chimica!*, Dedalo, Bari 2008.

68. Kandinskij V., *Lo spirituale nell'arte*, Se, Milano 2005.

69. Kean S., *Il cucchiaino scomparso e altre storie della tavola periodica degli elementi*, Adelphi, Milano 2012.

70. Kittel C., *Introduzione alla fisica dello stato solido*, Casa Editrice Ambrosiana, Milano 2008.

71. Kortum G., *Trattato di elettrochimica*, Piccin-Nuova Libraria, Padova 1968.

72. Lavoisier A.-L., *Opuscoli fisici e chimici*, Bononia University

Press, Bologna 2006.

73. Levi P., *Il sistema periodico*, Einaudi, Torino 1975.

74. Macchi P., *Fuochi pirotecnici e artifizi da segnalazione*, Pirola, Milano 1984.

75. Mc Lain J. H., *Pyrotechnics from the Viewpoint of Solid State Chemistry*, The Franklin Institute Press, Philadelphia 1980.

76. Montani M. C., *Piccola storia della chimica*, Alpha Test, Milano 2007.

77. Id., *Sposare gli elementi. Breve storia della chimica*, Sironi, Milano 2011.

78. Id., *Storia dei modelli atomici*, Alpha Test, Milano 2005.

79. Natta G., Farina M., *Stereochimica. Molecole in 3D*, Mondadori, Milano 1968.

80. Nelson D. L., Cox M. M., *I principi di biochimica di Lehninger*, Zanichelli, Bologna 2010.

81. Newhall B., *Storia della fotografia*, Einaudi, Torino 1997.

82. Nicassio F., *Fuochi artificiali*, Levante Editore, Bari 1997.

83. Pascale A., *Pane e pace*, Chiarelettere, Milano 2012.

84. Id., *Scienza e sentimento*, Einaudi, Torino 2008.

85. Pauling L., *La natura del legame chimico*, FrancoAngeli, Milano 2011.

86. Perrin J., *Gli atomi*, Editori Riuniti, Roma 1981.

87. Roesky H. W., Möckel K., *Il luna park della chimica*, Zanichelli, Bologna 1998.

88. Schrödinger E., *Che cos'è la vita? La cellula vivente dal punto di vista fisico*, Adelphi, Milano 1995.

89. Schwarcz J., *Benzina per la mente. Tutta la chimica intorno a noi*, Dedalo, Bari 2010.

90. Id., *Il genio della bottiglia. La chimica del quotidiano e i suoi segreti*, Longanesi, Milano 2010.

91. Id., *Radar, hula hoop e maialini giocherelloni. Come «digerire» la chimica in 67 storie*, Dedalo, Bari 2000.

92. Seligardi R., *Lavoisier in Italia. La comunità scientifica italiana e la rivoluzione chimica*, Olschki, Firenze 2002.

93. Shimizu T., *Fireworks: The Art, Science and Technique*, Pyrotechnica Publications, Austin 1988.

94. Smith Gorzinski J., *Chimica organica*, McGraw-Hill, Milano 2007.

95. Solov'ev J., *L'evoluzione del pensiero chimico dal' 600 ai giorni nostri*, Mondadori, Milano 1976.

96. Staguhn G., *Breve storia dell'atomo*, Salani, Milano 2002.

97. Temporelli G., *L'acqua che beviamo. Un viaggio nel mondo delle acque, naturali e trattate, destinate all'alimentazione e alla terapia*, Franco Muzzio Editore, Padova 2003.

98. This H., *Pentole & provette. Nuovi orizzonti della gastronomia molecolare*, Gambero Rosso, Roma 2003.

99. Van De Hulst H. C., *Light Scattering by Small Particles*, Wiley, New York 1957.

100. Verchier Y., Gerber N., *Chimica in casa. Atomi e molecole tra le mura domestiche*, Dedalo, Bari 2013.

101. Vollmer G., Franz M., *La chimica di tutti i giorni. Un prontuario guida per imparare a conoscere e consumare i mille prodotti di uso quotidiano*, Zanichelli, Bologna 1990.

102. Von Liebig J., *Familiar Letters on Chemistry*, Taylor, Walton and Maberly, London 1851.

103. Young F. R., *Bolle, gocce, schiume*, Raffaello Cortina, Milano 2012.

104. Zecchina A., *Alchimie nell'arte. La chimica e l'evoluzione della pittura*, Zanichelli, Bologna 2012.

词汇表

名词	释义
酸	能够释放出氢离子（H^+）的物质。在路易斯的理论中，酸是一种能够获得电子对的物质。
羧酸	分子中具有羧基（-COOH）的有机化合物。
气态状态	形状和体积可变的物质聚集状态。这种状态中，各粒子彼此相距很远并且可以自由移动。物质的气态状态可分为气体和蒸气。
烷烃	碳原子之间只有单键的脂肪族碳氢化合物。
烯烃	含有碳碳双键的脂肪族碳氢化合物。
炔烃	含有碳碳三键的脂肪族碳氢化合物。
醇	是脂肪族或脂环族侧链中的氢原子被羟基（-OH）取代而成的有机化合物。
醛	分子中含有醛基（-CHO）的有机化合物。氧化作用可将醛转化为羧酸。
脂环族或环状脂肪族	具有闭合的分子链，但不是芳香族的碳氢化合物。

名词	释义
脂肪族	具有开放分子链的碳氢化合物。
卤素	元素周期表中第七主族的元素，包括氟、氯、溴、碘和砹。
胺	一种带有伯胺（$-NH_2$）、仲胺（$-NHR$）或叔胺（$-NR_2$）基团的有机化合物。胺的性质与碱类似。
氨基酸	同时含有氨基和羧基的有机化合物。氨基酸的聚合物被称为多肽，是蛋白质的组成部分。
酐	与水反应产生酸的化合物。无机酸酐（或酸性氧化物）由非金属和氧形成。有机酸酐中含有$-COOOC-$基团。
芳香烃（或芳香族）	具有特殊电子结构的环链烃，这种结构中具有离域电子，离域电子会使分子能量降低，分子因此而稳定。
原子	保持元素性质的最小粒子。它由原子核和与原子核相距很远的核外电子组成。
水的自耦电离（或质子自迁移）	两个水分子产生一个水合氢离子（H_3O^+）和一个氢氧根离子（OH^-）的可逆反应。
碱	能够获得氢离子（H^+）的物质。在路易斯的理论中，碱是一种能够释放电子对的物质。
生物化学	化学的一个分支，研究具有生物意义的化合物及其相关的转化。
碳	元素周期表中第四主族的一种元素，原子序数等于6。除了少数例外，碳化合物都被称为有机化合物。
催化作用	反应中某些物质（催化剂）的存在可以改变反应速率的现象。
催化剂	可改变反应速率的物质。虽然参与到了反应机理当中，但在反应结束时催化剂却没有变化。

名词	释义
酮	分子中含有羰基（C＝O）的有机化合物。
分析化学	一个进行分析的化学分支，即对样品进行定性和定量的表征。
物理化学	化学的一个分支，对化学现象进行物理解释。物理化学的典型分支是化学热力学、化学动力学、光谱学和量子化学。
有机化学	化学的一个分支，研究碳化合物（有机化合物）。
量子（或理论）化学	物理化学的一个分支，通过应用量子力学的方法，预测物质的结构和性质。
环烷	碳原子之间只有单键的脂环族碳氢化合物。
环烯	含有碳碳双键的脂环族碳氢化合物。
环炔	含有碳碳三键的脂环族碳氢化合物。
化学动力学	物理化学的一个分支，研究化学反应速率。
化合物	由两种或两种以上不同元素组合而成的物质。它的分子由不同的原子组成。
电子构型	表示原子的电子在不同轨道上如何分布的符号标记。核外电子的构型非常重要，元素的化学性质就取决于此。
平衡常数	将可逆反应中反应物和生成物的平衡浓度结合起来的量。
晶体	由原子、分子或离子组成的三维的、几何有序的结构。
液晶	一种特殊材料，具有介于固体和液体之间的独特性质。它有各种实际应用。
元素	不能进一步分解的简单物质。每种元素由同一类原子组成。

名词	释义
电化学	物理化学的一个分支，研究物质与电之间的关系。
电子	带负电荷的基本粒子。电子构成了原子的核外部分。
电负性	原子参与化学键形成时，原子吸引电子的能力的标度。
乳剂	异质混合物，其中一种液体以微小的液滴形式分散在另一种不可混溶的液体中。
对映体	结构相互为镜像但不可重叠的分子。对映体使光的偏振平面向相反方向旋转，因此它们也被称为光学异构体。
活化能	为了使反应发生，必须向反应提供的最低能量。它代表反应物转化为生成物所必须克服的能量差异。
自由能	热力学参量，表示一个系统可以对环境做的机械功的多少。对反应自由能变化的了解，可以预见反应的自发性。
焓	热力学参量，表示系统在恒压下与环境交换的热量。
熵	热力学参量，表示物质系统的微观混乱程度。热力学第二定律指出，一个孤立系统的熵永远不会减小。
化学平衡	可逆反应达到表面上的静止状态，反应物和生成物共存，各组分浓度随时间保持动态恒定，这种情况就称为化学平衡。
爆炸物	能够引起迅速的化学反应，瞬间产生大量的热量和气体，从而产生冲击波的物质。
酯	由酸和醇组成的有机化合物。酯类分子的通式为R-COO-R'。
醚	分子中两个有机基团被一个氧桥键所连接的有机化合物，通式为R-O-R'。
分子式	用元素符号表示化合物分子中元素的种类和各元素原子个数的化学式。

名词	释义
结构式	表明化合物分子中原子的排列和结合方式的化学式。
光子	电磁辐射传输能量的基本量（量子）。它可以被认为是一种无质量的粒子，能与物质相互作用。
气体	临界温度低于环境温度的气态状态。
甘油酯	甘油的酯类。包括甘油单酯、甘油二酯和甘油三酯。它们是脂肪的组成成分。
烃类	由碳和氢组成的二元化合物。
氢	元素周期表中最简单的元素，原子序数为1。
氢离子	氢原子失去唯一一个电子，因此带有一个正电荷（H^+）。所以氢（严格来说是氕）离子（H^+）与质子是等同的。在水溶液中，氢离子主要以溶剂化形式的水合氢离子（H_3O^+）而存在。
酸碱指示剂	能够根据所接触溶液的pH值呈现出不同颜色的物质。
偶极-偶极相互作用	具有偶极矩的极性共价键分子之间产生的具有静电性质的分子间吸引力。
离子	指原子在失去或获得电子后而形成的带电荷的粒子。带正电荷的离子被称为阳离子，带负电荷的离子被称为阴离子。
同分异构体	同分异构体是指具有相同的分子式但结构式不同的化合物。它们具有不同的化学和物理性质。
同位素	同位素是指具有相同原子序数，但质量数不同的原子。因此，它们是同一元素的原子，只是原子核中的中子数不同。
氢键	指以氢为媒介，生成的一种特殊的分子间或分子内相互作用力。它是偶极-偶极相互作用的一个特例。

名词	释义
化学键	两个或多个原子结合在一起形成分子的机制。
共价（或同极）键	指电负性相同的原子共同使用一个或多个电子对而形成的键。
极性共价键	指具有一定电负性差异的原子之间的共价键。电负性的不同导致了电荷的部分分离，因此产生了电极对。
离子（或异极）键	组成分子的原子电负性差异很大导致电子（一个或多个）的转移而产生的键。原子失去或获得电子会形成离子，离子在静电作用下相互吸引，形成晶格。
金属键	金属键主要存在于金属中，并决定了金属独特的性质。金属晶体可以被想象成一个沉浸在自由移动的电子云中的正离子点阵。
液体	物质的一种聚集状态，有自己的体积，但形状可变。液体分子之间的距离比气态分子之间的距离要小，分子之间存在吸引力，但仍然可以自由移动。
能级	量子力学规定，一个微观粒子（原子或分子）系统只能具有某些确定的能量值。这些值被称为能级。
量子力学	现代物理学的一个分支（主要在20世纪前30年里发展起来），能够描述微观粒子的行为及其与电磁辐射的相互作用。
反应机理	将反应物转化为生成物的化学变化所经由的基元反应的集合。
金属	是一类具有特殊性质的元素，密度大、有光泽、导电性和导热性强、同时还具有可塑性和延展性。金属具有低电负性，因此容易产生正离子。金属约占所有元素的3/4。
胶束	指分子的聚集体，例如分子在乳剂中的聚集。要形成胶束，分子的两端必须具有相反的化学特性（亲油性和亲水性），例如表面活性剂分子。

名词	释义
混合物	由多种成分组成的物质系统，可通过物理方法将所含物质分离。
分子	由多个原子通过化学键连接而成的稳定集合体。在化合物中，分子是保持该化合物化学性质的最小粒子。
单糖	一种简单的不可水解的糖。单糖分子由连接有氢原子和羟基的碳原子构成。分子中还含有醛基（醛糖）或酮基（酮糖）。
中和（反应）	指酸和碱生成盐的反应。
中子	不带电荷的核粒子，其质量约等于质子的质量。
非金属	没有金属特性的元素。
原子核	原子核极小，位于原子的中间区域，由质子和中子构成，原子的大部分质量都集中在原子核上。
核合成	指元素形成的过程。在宇宙的早期，也就是大爆炸发生之后，主要是氢气的形成。在恒星内部发生的核合成形成了较重的元素。
原子序数	指原子核内质子的数量。中性原子的质子数与电子数相等。每个元素都有它自己的原子序数。
质量数	原子核中质子和中子的数量之和。
轨函	一个数学函数，通常表示为一个三维图形，描述了在原子核周围空间找到电子的概率分布。当我们提到的是关于单个原子的电子时，我们说的是原子轨道。而当我们提到共价键中几个原子共用的电子时，我们说的是分子轨道。
渗透作用	溶剂分子透过半透膜扩散的过程，半透膜的作用是将两种不同浓度的溶液分开。溶剂分子自发地从低浓度溶液向高浓度溶液扩散。通过施加外部压力，扩散的方向可以逆转，这被称为反渗透。

名词	释义
氧化	原子失去电子的过程。
氧化物	指含有氧元素的二元化合物。一般来说，金属氧化物具有碱性特征。非金属氧化物（也称作酸酐）具有酸性特征。
氧	元素周期表第六主族中的一种元素，原子序数为8。
羟基	由一个氧原子与一个氢原子结合而成的基团（-OH）。
臭氧	由3个氧原子结合在一起形成的分子（O_3）。它是氧气的同素异形体。
状态的变化	指两种不同的物质聚集状态之间的物理转变。
pH值	用来表示溶液酸碱性强弱的指标。pH = 7表示呈中性，pH < 7表示呈酸性，pH > 7表示呈碱性。
等离子体	指由离子和电子组成的气体，被认为是物质聚集的第四种状态。
聚合物	一种长链分子，分子中重复的基本单元被称为单体。聚合物可以是天然的也可以是合成的。
多糖	指单糖通过糖苷键连接而成的高分子化合物。淀粉、纤维素和糖原都是多糖。
渗透压	用半透膜把两种不同浓度的溶液隔开时发生渗透现象，到达平衡时半透膜两侧溶液产生的位能差。
生成物	指从化学反应中获得的物质，由反应物转化而来。
蛋白质	由氨基酸通过肽键连接而成的高分子化合物。该化合物中还可能有其他分子和／或金属离子的存在。
质子	带有正电荷的核粒子，其质量约等于中子质量。质子的电荷与电子电荷的绝对值相同，但它们所带电荷的符号相反。

名词	释义
电磁辐射	振荡的电场和磁场在空间中的传播。根据频率的不同，电磁辐射可分为：无线电波、微波、红外线辐射、可见光辐射、紫外线辐射、X射线、γ 射线。
反应物	参加反应的初始物质，会转化为生成物。
反应	初始物质（反应物）转变为其他物质（生成物）的化学变化。
还原	原子得到电子的过程。
量子	是基本的能量单位，量子力学由此得名。
盐类	指用金属原子或表现出金属行为的原子团（如铵根离子）取代酸中的氢原子而得到的化合物。
半导体	电性能介于金属和绝缘体之间的材料。与金属不同的是，半导体的导电性随温度的升高而增大。
元素周期表	按照原子序数从小到大排列的化学元素列表。列表的横排称为"周期"，纵列称为"族"。属于同一族的元素具有相似的化学性质，因为它们具有相似的核外电子构型。
固体	具有一定形状和体积的物质聚集状态。其分子之间的距离比液态分子和气态分子之间的距离要更小，并且由于它们之间存在的吸引力，固体物质的分子不能相互移动。
溶质	溶液中含量相对较少的那种物质。
溶液	两种或两种以上物质形成的均匀的混合物。
溶剂	溶液中含量相对较多的那种物质。
纯净物	与混合物不同，纯净物是指由单一成分（可能是一种单质或一种化合物）组成的物质。

名词	释义
光谱学	一门化学及物理学的交叉学科，研究电磁辐射与物质之间的相互作用，通过光谱学研究可获得物质的结构信息或分析信息。
聚集状态	物质宏观方面的表现。有3种聚集状态：固态、液态和气态。有时把等离子体叫作物质的第四态。
分子结构	描述分子内原子的空间排列以及将原子结合起来的化学键。物质的性质与分子结构有关。
临界温度	温度高于临界温度时，物质不能以液态存在。
表面活性剂	能够改变液体表面张力的物质。
化学热力学	物理化学的一个分支，将热力学工具应用于化学反应的研究，评估化学反应中的能量变化。
电子跃迁	电子从一个能级跳跃到另一个能级。
蒸气	临界温度高于环境温度的气态状态。
反应速率	在化学反应中，反应速率表示在单位时间内生成物（或反应物）的浓度变化的大小。
玻璃	一种固体材料，与晶体不同，它具有类似于液体的无定形且无序的微观结构。
糖	一种由碳、氢和氧元素构成的有机化合物，其结构通式为 $C_n(H_2O)_n$，因此糖也被称为碳水化合物。可以是单糖或多糖。

马上扫二维码，关注"**熊猫君**"

和千万读者一起成长吧！